The Book of the Starry Sky

星空の教科書

星空がわかる！詳しくなる！
「星空の入門書」基礎から知りたい人に最適！

早水 勉 著

技術評論社

はじめに

　天体観測は、子どもから大人まで楽しむことができます。季節の変化があり、時には日食や月食などの特別な天文現象もやってきます。星空という自然に接する楽しみとしても、科学の入り口としても幅広い題材を与えてくれます。

　天体観測手帳は、毎年の主な天文現象を毎月・毎週解説した携帯性の良い書籍です。もちろんダイアリーとしてもお手元に置いて活用いただけます。

　天体観測手帳は、書籍の目的が年鑑の色彩が強く、実用的な内容を重視して掲載しています。このため、天文用語や天文現象の原理などの基本的な解説は十分ではありません。本書「星空の教科書」は、天体観測手帳の副読本として、手帳の内容をよりよく理解していただくために執筆したものです。手帳の読者がより楽しめるファンブック的な内容となっていますので、天体観測手帳と併せてご愛読いただけますことを祈念しております。

早水勉

contents

序章　星空と地球・太陽・月の動き ……… 5
- 1日の動き「日周運動」……… 6
- 1年の動き「年周運動」……… 7
- 太陽の動き ……… 8
- 月の動き ……… 9
- 惑星・小惑星・彗星の公転 ……… 10

Chapter 1　星図を見るための基礎知識 ……… 11
- 星図の種類 ……… 12
- 星図に描かれている天体「恒星」……… 16
- 星図に描かれている天体「惑星」……… 20
- 星空の目印 ……… 23
- 星雲／星団／銀河 ……… 24
- 重星 ……… 26

Chapter 2　季節の星座を楽しもう ……… 27
- 季節の星座の探し方 ……… 28
- 春の星座 ……… 31
- 夏の星座 ……… 38
- 秋の星座 ……… 47
- 冬の星座 ……… 55

Chapter 3　天体の動きと暦 ……… 63
- 惑星の動きと発見 ……… 64
- 太陽と均時差 ……… 65
- 月齢と朔望月 ……… 67
- 内惑星の動き ……… 68

外惑星の動き 69
衛星の動き 71
いろいろな暦 73

Chapter 4 主な天文現象 79
彗星 80
流星と流星群 84
日食 95
月食 97
星食 99
変光星・新星 102
その他の天文現象 108

Chapter 5 天体観測入門 111
月の観察 112
惑星の観察 116
星雲・星団・銀河の観察 122
重星の観察 146
人工天体 161

Chapter 6 望遠鏡・双眼鏡の基礎知識と選び方 163
望遠鏡の発明 164
望遠鏡の構造と性能 167
望遠鏡の選び方と種類 170
双眼鏡の選び方 174

あとがき 175

序章

星空と地球・太陽・月の動き

一日の星空や太陽の動きは、地球が自転するために起こり、季節の変化は、地球が太陽を公転するために起こります。本章では、次章以降を読み進める前に、特に基本となる星空、太陽、月の動きを解説します。

01 1日の動き「日周運動」

地球の自転と星空

「日周運動」とは、地球の自転による天体の見かけの動きのことです。

地球は北極と南極を軸として、自転しています。そして、地球は24時間（＝1日）で1回転します。しかし、図に立っているような観察者にとっては、矢印の向きに星空が動いて見えます。例えば太陽は東から昇り、西に沈みますし、星も同様に、東から西へ動いて見えます。

このように地球が24時間で1回転するときに、星空が回っているように見える運動を「日周運動」と呼びます。

なお、観察者が立っている真上を天頂と呼び、東西南北を結ぶ円周を地平線と呼びます。また、北極と天球がぶつかるところを天の北極と呼びます。

星は天の北極を中心に回転しています。北極星は天の北極のすぐ近くにあります。

▼日周運動では星空が1日1回転する

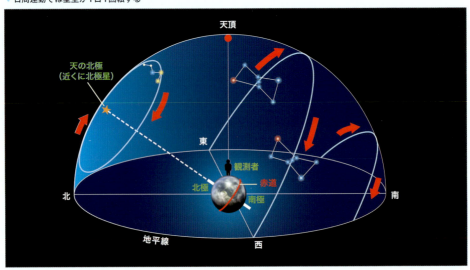

▼観測者から見た星空の回り方

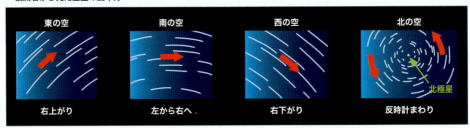

02 1年の動き「年周運動」

地球の公転と星空

「年周運動」は地球の公転による天体の見かけの動きのことです。

地球は1日1自転しながら、太陽の周りを1年で1周(公転)します。1年が約365日で1周は360°ですから、1日約1°ずつ太陽の周りを動いていることになります。

つまり、観測者から見ると、24時間後(翌日)の同じ時刻では、1周(360°)+公転分(1°)だけ、星空が東から西へずれています。ということは、1か月後の同じ時刻(同じ場所)に観測すると、星空は約30°ずれていることになります。

この地球の公転の動きによって、季節ごとに同時刻で見える星空が異なります。この動きを「年周運動」といいます。

▼ 地球は自転しながら1年で太陽の周りを1周する

▼「年周運動」の例。毎月15日21時に東京から見た星空の動き。北斗七星・カシオペヤ座・オリオン座を見ると季節ごとに位置が異なる

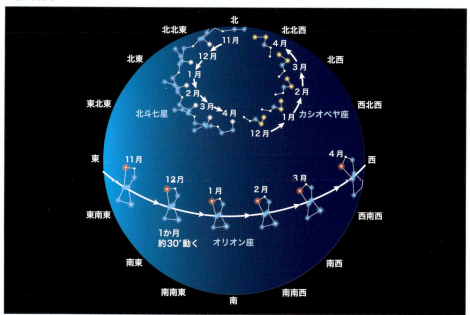

03 太陽の動き

　地球から太陽をみると、太陽は東から西へ動いて見えます。そして、ほぼ正午に南中(天頂と真南を結ぶ線上にくること)します。また、地球の地軸の傾きのため、季節によって日の出・日の入りの時刻や位置が変化します。

▼ 地上(北半球)から見た太陽の日中の動き

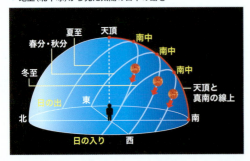

▼ 地軸の傾きのため太陽光のあたる時間が変化する

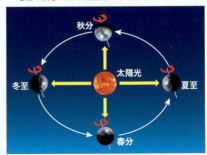

天球での太陽の動き「黄道」

　太陽が毎日南中したとき、同時刻の星空は、毎日約1°(1か月で約30°)東から西へずれていき、1年で1周することになります(P7図参照)。言い換えると、太陽が星空を1年で1周しているように見えます。この太陽の通り道を「黄道」と呼びます(右図・右下図)。また、黄道上にある星座は「黄道十二星座」と呼ばれ、誕生星座としてよく知られています。

▼ 黄道と天球

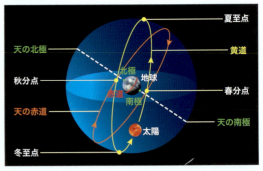

▼ 黄道上にある星座と太陽の動き

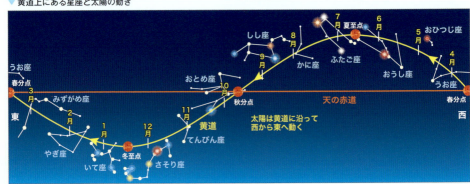

04 月の動き

月の見え方

地球から見ると、月は毎日東から出て西に沈みます。これは地球の「日周運動」によるものです。

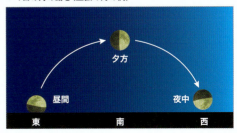

▼ 1日の月の動き（上弦の月の例）

月の動き

月は、翌日の同時刻に観察すると、前日よりも東へ大きく移動しています。そして、27.3日[*1]で天球を一周して、ほぼ同じ位置に戻ります。これは、月が地球を周回（＝公転）していることが原因です。さらに地球も太陽を公転するために、新月から次の新月までの周期（朔望月）は、29.5日となります。

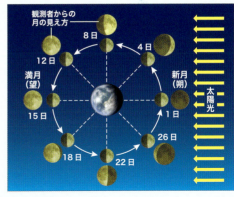

▼ 月の満ち欠けは29.5日周期

▼ 月は同時刻で見ると東へ移動し、満ち欠けをしながら27.3日で天球を一周する

[*1] 月の公転周期。背景の星空を周る周期。

05 惑星・小惑星・彗星の公転

　惑星と小惑星は、地球同様、太陽を公転しています。そのため地球から見ると、星空の中をゆっくりと移動して見えます。
　また、太陽系の惑星は、太陽の通り道である「黄道」にほぼ沿って動いています。

▼黄道上にある惑星

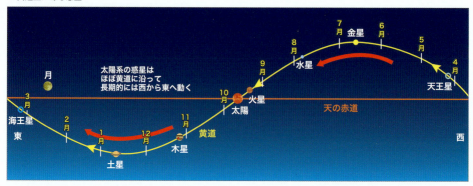

　彗星も太陽を公転していますが、地球に接近する彗星のほとんどが細長い楕円の公転軌道を持ちます。軌道が放物線で、二度と帰ってこない彗星も多くあります。

▼太陽系の惑星、準惑星ケレス、小惑星パラス・ジュノー・ベスタ、ハレー彗星、百武彗星、ヘールボップ彗星の公転軌道

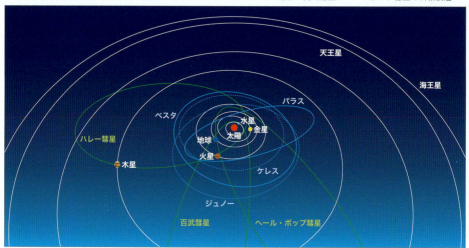

Chapter

1

星図を見るための基礎知識

天体観測手帳や天文を扱う年鑑類には、天文学特有の座標や用語が多数登場します。これらの用語をなんとなくでも知っていれば、夜空を観察するために不自由はないでしょう。しかし、よりよく理解すれば、書籍に記されている情報をさらに奥深く利用することができます。本章では、星図を見るために必要となる基本的な知識をまとめました。

01 星図の種類

　国や町の位置を示すために地図があるように、星空を描写するためには「星図」があります。
　星空は、短い時間では静止しているように思えますが、実際にはいろいろな要素が絡み合って意外に複雑な動きをしています。これらの動きすべてを表現することは困難ですので、観察の目的によっていろいろな星図が存在します。
　観察者を中心に地平線を基準とする座標で作図するものを「地平座標の星図」といいます。また、観察者の位置に無関係で星空を基準とするもの[*1]を「赤道座標の星図」といいます。

　天体観測手帳では、月間部には「赤道座標」の、週間部には「地平座標」の星図を掲載しています。

赤道座標星図の見方

　天球図は、地球を中心にして星空の動きを天球に表したものです。地球の「地軸」を無限遠に延長した点を天の北極、天の南極とし、地球の「赤道」を無限遠に延長した線を天の赤道といいます。
　そして、天の北極と天の南極を結ぶ線を赤経(地球上の地図でいう経度に相当)、天の赤道に平行な線を赤緯(緯度に相当)といいます。
　地球の地軸と自転に合わせて赤経軸は動いています。天球が一周すると約24時間＝1日です。そのため、赤経軸の目盛は「○h○m」と表示します。例えば、南中しているある天体の赤経が「10h00m」とすると、その1時間20分後には「11h20m」の赤経線が南中します。また赤経は1h＝15°、24h＝360°など、「°」を使って表す場合もあります。赤緯は10度(10°)などと表示します。

　天体観測手帳の月間部に使われているのが右の「赤道座標星図」です。背景の星座・恒星は、どの月も全く同じ位置に描かれています。また、赤経線は 1h(＝15°)間隔、赤緯線は10°間隔で引かれています。

▼ 赤道座標星図(天体観測手帳より)。背景の星座や恒星は動かない

　赤道座標星図は、赤経と赤緯の座標線を与えた作図法で、地球の地軸と自転を座標の基準にしています。そのため、天球を図にしていると言いかえられます。縦横にそれぞれ赤経線と赤緯線が引かれています。そして、赤経の目盛は地球の自転と関係しています。右下図では赤経は1h(1時間＝15°)間隔になっています。また、右端から左端までが24時間＝1日を表します。
　右下図中の天頂と地平線は毎月15日21時の東京を表しています。1時間経過するごとに約15°東の方向(星図では横軸左方向)に平行移動し、24時間で星空を1周します(背景の星座・恒星は動きません)。

[*1] 赤道座標は、星空の中でも「天の北極・南極、天の赤道」を基準とする。「黄道」を基準とする場合は「黄道座標」という。

なお、天球図や赤道座標星図に描かれた「黄道（こうどう）」は、地球を中心にしたときの「天球上の太陽の通り道」を表しています。地球は太陽を1年で公転しているので、地球から見た太陽は黄道上を西から東方向（右下図では右から左方向）に1年かけて1周します。赤道座標星図では**背景の星座・恒星は動かず**、太陽と太陽系の天体が「黄道」にほぼ沿って動いています。月は1か月でほぼ同じ位置に戻ってきます。

天体観測手帳の月間部は、黄道上に毎月の惑星の位置と日付が記入されて、その移動を示しています。

1 星図を見るための基礎知識

▼ 天球図。天球が1日1回転する

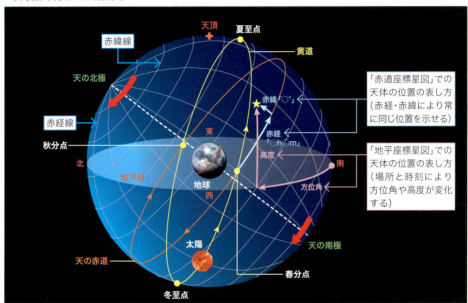

地平座標の星図の見方

地平座標星図は、「ある時刻」の「ある観察地点」から見える星空を、その地点の「地平線」を基準に作図したものです。

地平座標では、「方位角」と「高度」による極座標が用いられます。「方位角」は、天体の方角で、真南から西周りに測った角度です（P13図参照）。星図には「方位線」が引かれます。書物によっては真北から東回りに測る場合もあります。「高度」は天体を見上げる高さです。星図には「高度線」が引かれます。図は1月7日21時・東京から見える星空を描いています。方位線は15°間隔、高度線は10°間隔で引かれています。また、高度0°の線が地平線、高度90°の点が天頂です。

北極星は天の北極付近にあります。この周りを星空が1日1回転（1年でも1回転）します。

▼ 天体観測手帳の週間部の星図

この「地平座標星図」は、天体観測手帳の週間部に使われています。背景の星座・恒星は、北（左側の半円）が時計の反対回り、南（右側の半円）が時計回りに回っています。

地平座標は、その時刻・その場から見える星空を、ほぼイメージ通りに表現する方法です。そのため観察する都市や時刻が違うと、星空の配置が大きく異なります。もし、地域や時間で補正したい場合、次の目安で行います。

| 観測地 | 東経λa、北緯φa | 東京 | 東経λt、北緯φt （東経λt＝139.75°、北緯φt＝35.67°） |

時刻の補正
- 東京より東の観測地（東経λa＞東経λt）
  ➡ 21時より（東経λa－東経λt）×4分だけ早い時刻に補正
- 東京より西の観測地（東経λa＜東経λt）
  ➡ 21時より（東経λt－東経λa）×4分だけ遅い時刻に補正

高度の補正
北方の半球星図：
北極星の高さ＝北緯φaに補正

南方の半球星図：
- 東京より北の観測地（北緯φa＞北緯φt）
  ➡（北緯φa－北緯φt）だけ星の位置を南に下げて補正
- 東京より南の観測地（北緯φa＜北緯φt）
  ➡（北緯φt－北緯φa）だけ星の位置を天頂方向に上げて補正

天体観測手帳の週間星図を福岡（東経130.38°北緯33.58°）に補正する例

時刻の補正
((東京の東経)－(福岡の東経))×4＝(139.75－130.38)×4≒37分
よって、週間の星図は福岡では21時37分頃に相当します。

高度の補正
- 北方の半球星図は東京よりも北極星が（35.67－33.58＝）**約2度低く**なります。
- 南方の半球星図は東京よりも星の位置が**約2度高く**なります。

▼ 東京から福岡への補正の例（天体観測手帳の週間部）

02 星図に描かれている天体「恒星」

恒星の明るさを示す「等級」

　恒星の明るさは「等級(magnitude)」という単位が定められています。等級の起源は古代ギリシャの天文学者ヒッパルコス(Hipparchus BC190頃－BC120頃)によります。ヒッパルコスは、全天で「明るい恒星」約20星を「1等星」とし、肉眼で確認できる限界の「暗い恒星」を「6等星」としました(当時の観測手段は肉眼のみです)。

　後世、恒星の明るさを定量的に測定したところ、1等星の光量は6等星のほぼ100倍であることがわかります。イギリスの天文学者ノーマン・ポグソン(Norman Pogson 1829－1891)は、数式により「5等級差は光量で100倍の差」と定義しました。この定義から、2.3等のように中間的な明るさも連続的に等級を与えることができ、6等級よりも暗い恒星でも、等級を測定できるようになりました。

　また、ポグソンの公式から「1等級差は光量で2.512倍」となります。1等星より2.512倍明るい星は0等星、さらに2.512倍明るいと−1等星となります。ちなみに満月は−12.7等(平均)、太陽は−26.7等です。

　慣習的に1.5等よりも明るい恒星をひとくくりに「1等星」と呼びますが、最も暗い1等星レグルス(1.36等／しし座)と最も明るい1等星シリウス(-1.44等／おおいぬ座)では、2.8等級＝13.2倍も明るさに差があります。

▼天体観測手帳における等星の分類

2番目に明るい恒星はカノープス（-0.62等／りゅうこつ座）です。3番目はアルクトゥルス（-0.05等／うしかい座）、ベガ（0.03等／こと座）、カペラ（0.08等／ぎょしゃ座）の3星が拮抗しています。2等星以下は、1.5～2.5等を2等星、2.5～3.5等を3等星と呼んでいます。

 天体観測手帳では4等級以上の恒星約1000星を掲載しています。また2等星以上の輝星については、恒星のスペクトル型を［青・白・黄・橙・赤］の5色で色分けしています。

恒星の色「分光（スペクトル）」

　恒星など天体の光を、プリズムや回折格子により光の帯に分解することを「分光（スペクトル）」といいます。恒星のスペクトルを特徴によって分類した型が「スペクトル型」です。

　恒星の色は、恒星の表面温度で変わり、スペクトル型から読み取ることができます。青白い星は高温（1万℃以上）、赤い星は低温（4000℃以下）です。中間的な星は黄色（5000～7000℃）です。私たちの太陽はまぶしすぎて色がわかりにくいのですが、表面温度は6000℃で黄色い星です*2。

▼ 恒星のスペクトル型

スペクトル型	色	温度（℃）
O	青	29000～
B	白～青	9600～29000
A	白	7200～9600
F	黄～白	6000～7200
G	黄	5300～6000
K	橙～黄	3900～5300
M	赤	～3900

スペクトル型の覚え方

O B A F　G K M
Oh Be A Fine Girl, Kiss Me!
（オー、素敵な少女になって、僕にキスして！）

位置天文学衛星ヒッパルコス

1989年 欧州宇宙機関（ESA）が打ち上げた位置天文学衛星には、「ヒッパルコス（Hipparcos）」と名付けられました。古代ギリシャの天文学者ヒッパルコス（Hipparchus）に由来する命名ですが、つづりが微妙に違います。衛星の方は、HIgh Precision PARallax COllecting Satellite の略です。衛星ヒッパルコスは、1993年まで恒星の位置をはじめとする重要な基本情報を測定し、その成果は「ヒッパルコス星表」として編纂されています。
2013年には、ヒッパルコス衛星の後継となる 天体位置測定衛星「ガイア（Gaia）」が打ち上げられ、2016年9月 観測成果の一部として10億個以上の星のカタログが公開されました。今後もガイアの観測は継続され、より高精度の解析データが順次公開される予定です。

▼ ヒッパルコス衛星（ESA欧州宇宙機関）

*2　太陽は赤い星とイメージされることが多い。これは、朝日や夕日が赤いことが理由だからだ。しかし、朝日や夕日が赤いことは、太陽が低空にある時の地球の空気の散乱によるもので、いわば大気のいたずらといえる。太陽はG型（表面温度6000℃）で黄色の星である。

▼ 主な恒星の一覧

固有名	バイエル名	赤経 (h m)	赤緯 (° ′)	等級	スペクトル型 (色)
アルフェラッツ	α And	00 08.4	+29 05	2.07	B(青白)
カフ	β Cas	00 09.2	+59 09	2.28	F(黄白)
シェダー	α Cas	00 40.5	+56 32	2.24	K(橙)
ルーシューバー	δ Cas	01 25.8	+60 14	2.66	A(白)
アケルナル	α Eri	01 37.7	−57 14	0.45v	B(青白)
ハマル	α Ari	02 07.2	+23 28	2.01	K(橙)
北極星(ポラリス)	α UMi	02 31.8	+89 16	1.97	F(黄白)
ミルファク	α Per	03 24.3	+49 52	1.79	F(黄白)
アルデバラン	α Tau	04 35.9	+16 31	0.87	K(橙)
リゲル	β Ori	05 14.5	−08 12	0.18	B(青白)
カペラ	α Aur	05 16.7	+46 00	0.08	G(黄)
ベラトリクス	γ Ori	05 25.1	+06 21	1.64	B(青白)
エルナト	β Tau	05 26.3	+28 36	1.65	B(青白)
アルニラム	ε Ori	05 36.2	−01 12	1.69	B(青白)
ベテルギウス	α Ori	05 55.2	+07 24	0.45v	M(赤)
メンカリナン	β Aur	05 59.5	+44 57	1.90v	A(白)
ミルザム	β CMa	06 22.7	−17 57	1.98	B(青白)
カノープス	α Car	06 24.0	−52 42	−0.62v	F(黄白)
アルヘナ	γ Gem	06 37.7	+16 24	1.93	A(白)
シリウス	α CMa	06 45.1	−16 43	−1.44v	A(白)
アダラ	ε CMa	06 58.6	−28 58	1.50	B(青白)
ウェゼン	δ CMa	07 08.4	−26 24	1.83	F(黄白)
カストル	α Gem	07 34.6	+31 53	1.58d	A(白)
プロキオン	α CMi	07 39.3	+05 13	0.40	F(黄白)
ポルックス	β Gem	07 45.3	+28 02	1.16	K(橙)
アルファルド	α Hya	09 27.6	−08 40	1.99	K(橙)
レグルス	α Leo	10 08.4	+11 58	1.36	B(青白)
メラク	β UMa	11 01.8	+56 23	2.34	A(白)
ドゥベ	α UMa	11 03.7	+61 45	1.81d	F(黄白)
デネボラ	β Leo	11 49.1	+14 34	2.14	A(白)
フェクダ	γ UMa	11 53.8	+53 42	2.41	A(白)
メグレズ	δ UMa	12 15.4	+57 02	3.32	A(白)
アクルックス	α1 Cru	12 26.6	−63 06	0.77d	B(青白)
ガクルックス	γ Cru	12 31.2	−57 07	1.59v	M(赤)
ミモザ	β Cru	12 47.7	−59 41	1.25	B(青白)
アリオト	ε UMa	12 54.0	+55 58	1.76	A(白)
コルカロリ	α2 CVn	12 56.0	+38 19	2.89d	A(白)
ミザール	ζ UMa	13 23.9	+54 56	2.23	A(白)
スピカ	α Vir	13 25.2	−11 10	0.98	B(青白)
アルカイド	η UMa	13 47.5	+49 19	1.85	B(青白)
アジェナ	β Cen	14 03.8	−60 22	0.61d	B(青白)
アルクトゥルス	α Boo	14 15.7	+19 11	−0.05d	K(橙)
リギルケンタウリ	α Cen	14 39.6	−60 50	−0.28d	G(黄)
アンタレス	α Sco	16 29.4	−26 26	1.06v	M(赤)
シャウラ	λ Sco	17 33.6	−37 06	1.62	B(青白)

固有名	バイエル名	赤経 (h m)	赤緯 (° ')	等級	スペクトル型 (色)
ギルタブ	θ Sco	17 37.3	-43 00	1.86d	F(黄白)
カウスアウストラリス	ε Sgr	18 24.2	-34 23	1.79	B(青白)
ベガ	α Lyr	18 36.9	+38 47	0.03	A(白)
アルタイル	α Aql	19 50.8	+08 52	0.76	A(白)
ピーコック	α Pav	20 25.6	-56 44	1.94	B(青白)
デネブ	α Cyg	20 41.4	+45 17	1.25v	A(白)
エニフ	ε Peg	21 44.2	+09 52	2.38	K(橙)
アルナイル	α Gru	22 08.2	-46 58	1.73	B(青白)
フォーマルハウト	α PsA	22 57.7	-29 37	1.17	A(白)

※赤経赤緯は2000年分点の位置。
※等級欄のvは0.6等を超える変光がある、dは二重星の合成等級を示す。

1 星図を見るための基礎知識

いろいろな星図

星座早見盤
星座早見盤は、赤道座標→地平座標の変換装置とも言える。

ポケットスカイアトラス（スカイ＆テレスコープ社）
A5版 全天を80ページに分割し携帯性を良くしている。カラー印刷で美しく実用的。英語で記載されている。

天文年鑑（誠文堂新光社）の巻末の星図
毎年発行される天文年鑑の巻末に掲載されている。全天を8星図に分割。他の詳細な天文資料とともに利用しやすい。モノクロ。

ウラノメトリア2000（ウイルマンベル社）
プロ・ハイアマチュア向けの詳細な星図。英語で記載されている。初版は1603年ヨハン・バイエル（Johann Bayer 1572-1625 独）により出版され、現在まで数回の改版を重ねている。写真は、1987年に出版されたもの。北半球と南半球の2巻に分かれる。

03 星図に描かれている天体「惑星」

惑星の種類

多くの読者は、惑星といえば「水星、金星、地球、火星、木星、土星、天王星、海王星」の8星を指すことをご存じでしょう。一方、古代ギリシャでは、太陽、月、火星、水星、木星、金星、土星の7星を惑星としました。惑星（プラネット（Planet））は、ギリシャ語のプラネテス（さまよう者）が語源となっています。そして古代の7惑星が7曜の起源で、「ラッキー7」の由来でもあります。

日本の明治〜昭和初期においては、プラネットの訳語として「惑星」の他に「遊星」も使われており、いずれも恒星の間を縫うように移動することから当てられた熟語です。

惑星の位置と動きを知るには

赤道座標星図で地球を除いた7惑星の位置と動きを確認できます。下記は天体観測手帳の月間部の星図です。太陽の通る道、黄道に沿って、惑星が動いています。

▼天体観測手帳の月間カラー部

惑星の明るさ、等級

水星、金星、火星、木星、土星の5惑星は、1等星かそれ以上の明るさで輝くため、星座を探すときに恒星と見間違えてしまうことがよくあります。観察する夜空のどこに惑星があるかを調べておくと、星座をたどる際の一助となるでしょう。もっとも、金星（約−4等）と木星（約−2等）は、どの恒星よりも明るく輝くため、慣れた方であればすぐに判別できます。

惑星の等級・視直径・位置する星座・出没時刻を知るには

天体観測手帳の週間カレンダー部では、毎週土曜日の7惑星の等級・位置する星座、5都市（札幌、東京、大阪、福岡、那覇）における出没時刻を知ることができます。金星と木星が明るいことや、どの星座に位置するかがわかります。

1 星図を見るための基礎知識

▼ 天体観測手帳の週間カレンダー部。7惑星の毎週の情報がわかる

1月7日	札幌 出	札幌 没	東京 出	東京 没	大阪 出	大阪 没	福岡 出	福岡 没	那覇 出	那覇 没	等級	視直径(″)	星座
水星	5:40	15:07	5:28	15:32	5:42	15:51	6:01	16:14	5:57	16:40	0.6	8.7	いて
金星	9:31	20:15	9:28	20:31	9:44	20:49	10:03	21:11	10:07	21:30	-4.5	23.2	みずがめ
火星	9:53	21:09	9:54	21:21	10:10	21:39	10:30	22:00	10:36	22:16	0.9	5.6	みずがめ
木星	0:17	11:30	0:17	11:43	0:33	12:00	0:53	12:22	0:59	12:37	-1.8	36.1	おとめ
土星	5:17	14:29	5:03	14:57	5:18	15:16	5:36	15:39	5:30	16:06	0.5	15.2	へびつかい
天王星	11:14	0:18	11:27	0:18	11:45	0:34	12:06	0:54	12:22	0:59	5.8	3.5	うお
海王星	9:44	20:47	9:43	21:01	9:59	21:19	10:19	21:40	10:24	21:57	7.9	2.4	みずがめ

▼ 太陽と月は5都市の毎日の出没時間がわかる

	札幌	東京	大阪	福岡	那覇
日出	7:06	6:51	7:05	7:23	7:18
日没	16:18	16:45	17:05	17:28	17:55
月出	12:46	13:04	13:23	13:47	14:08
月没	1:48	1:45	2:01	2:22	2:25

▼ 月間カラー部では、7惑星の1か月の惑星の明るさの変化がわかる

水星(3.3→-0.2等)
1月19日に西方最大離角を迎え、この頃にピークに明け方の南東の低空で観察のチャンスに。

金星(-4.4→-4.7等)
1月12日に東方最大離角を迎え、「宵の明星」として日没後の南西の空高く、圧倒的な明るさで輝く。内合となる3月末まで宵の西空。

火星(0.9→1.1等)
観察の好期は過ぎているが、日没後の南西の空高く十分に明るい。2017年1月~2月は「金星」が近傍にあるので、金星を目印に探そう。

木星(-1.8→-2.0等)
深夜に地平出。その後、明け方まで全天で最も明るい。おとめ座を順行中で、1月から当分の間、1等星「スピカ」と並ぶ。

土星(0.5→0.5等)
日出前の南西の低空。へびつかい座を順行中。中旬に「水星」と並んで観察できるが、この時期は水星の方がやや明るい。

天王星(5.8→5.8等)
1月11日に東矩となり、日没後の南の空で観察しやすい。うお座を順行中。天王星は、2018年4月までうお座に滞在する。

海王星(7.9→8.0等)
日没後の南西の低空。みずがめ座を順行中。海王星は、2022年4月までみずがめ座に滞在する。

惑星の視直径

　表にある視直径とは天体の見かけの大きさを角度で表した尺度です。太陽と月の視直径は約0.5°=30′(「30分角」と読みます)です。なお、天体観測手帳に掲載する惑星の視直径は、(″)「秒」の単位です。角度の1°は60′で、1′は60″です。視力1.0の人が見分けられる角度は1′に相当します。

▼ 天体の視直径

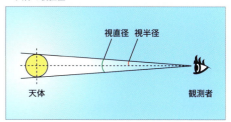

惑星の軌道図

図は、天体観測手帳の8惑星と冥王星の軌道図です。軌道は太陽系を北極方向から見たもので、各惑星のシンボルの位置は各週土曜日の位置です。左が内側から水星・金星・地球・火星で、右が内側から木星・土星・天王星・海王星・冥王星です。♈(おひつじ座の記号)は春分点の方向です。春分点はかつておひつじ座の方向にあったのですが、現在の春分点は地球の地軸の首ふり運動(歳差)で移動し、うお座にあります。

▼ 天体観測手帳の週間カラー部・右上の惑星軌道図

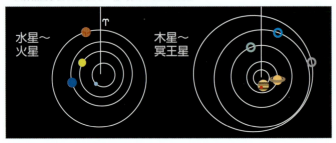

冥王星の地位と惑星の定義

冥王星は1930年に発見されて以来2006年まで太陽系の惑星の一つとされてきました。しかし、近年の天文学の発展に伴い、惑星と小惑星の境界が曖昧になってきました。なぜなら冥王星よりも遠方で、冥王星と同等の大きさの小惑星が多数存在することがわかってきたためです。このままでは混乱を招きかねないため、2006年プラハ(チェコ)で開催された 第26回 国際天文学連合総会において、「惑星の定義」について議決されました。この議決は歴史的にも非常に大きな節目といえます。これによって、太陽系の惑星の分類も修正されることとなり、冥王星は惑星から準惑星に分類されることとなりました。

惑星の定義は以下の(a)(b)(c)の条件を満たす天体と定められています。(国立天文台の解説から引用)
【太陽系の惑星とは、(a) 太陽の周りを回り、(b)十分大きな質量を持つので、自己重力が固体に働く他の種々の力を上回って重力平衡形状(ほとんど球状の形)を有し、(c) その軌道の近くでは他の天体を掃き散らしてしまいそれだけが際だって目立つようになった天体である。】

▼ 探査機ニューホライズンズによる冥王星(NASA 2015)

04 星空の目印

星空の観察では、星座や「夏の大三角」などのよく知られた目印を探します。星空の目印が見つかると、およその方位や、およその時刻を知ることができます。

▼ 天体観測手帳の月間カラー部と週間カラー部

天体観測手帳では、黄道十二星座の他、代表的な星座や大きな星空の目印を掲載しています。週間カラー部では、毎週土曜日の東京における21時の夜空を掲載しています。

05 星雲 / 星団 / 銀河

メシエカタログ

　星雲・星団・銀河の観察は、天体観測の中でも特に人気があります。星雲・星団・銀河のリストは、フランスの天体観測家 シャルル・メシエ（Charles Messier 1730-1817）が作ったメシエカタログが有名で、M1、M2のようにMをつけた番号で示されます。

　メシエは彗星の捜索者で、ぼんやりと見える彗星と紛らわしい天体の一覧表を作成したものがメシエカタログです。メシエカタログは、M1〜M110 までありますが、M40、M91、M102の3天体はカタログの位置には存在せず欠番となっています。

　なお、天体観測手帳では、メシエ天体を中心に星雲・星団・銀河を5つに分類して掲載しています。

▼ 天体観測手帳における星雲・星団・銀河の分類

🔵 散開星団(Open Cluster)

数10～数1000個の恒星の集団。恒星は集団を作って誕生することが多く、散開星団は比較的若い恒星の集まり。多くの散開星団は天の川に沿って分布している。プレヤデス星団をはじめ双眼鏡でも楽しめる天体も多い。

▼ プレヤデス星団(M45 おうし座)

🔵 球状星団(Globular Cluster)

数10万～数100万個もの恒星の大集団。宇宙の誕生から間もない時期に誕生した星団と考えられており、非常に年老いた恒星の集団。星団の重力に束縛されて球状に集まっている。多くの球状星団は、小口径の望遠鏡では中心部の星は分離できない。

▼ M13球状星団(ヘルクレス座)

🔵 散光星雲(Diffuse Nebula)

宇宙に漂う星間ガスが光って見えている天体。多くの散光星雲は独特の赤い色をしており、これは、水素原子が励起して発する色である。散光星雲は恒星が誕生する領域でもある。星間ガスが光っていないものを暗黒星雲と呼ぶ。

▼ オリオンの大星雲(M42 オリオン座)

🔵 惑星状星雲(Planetary Nebula)

太陽と同程度の質量の恒星が寿命を終えたときに、周囲に表層のガスを放出した天体。多くの惑星状星雲は丸い形状をしていることからこのように呼ばれる。

▼ リング状星雲(M57 こと座)

🔵 系外銀河(Galaxy)

星雲星団は、私たちの天の川銀河の中に部品のように存在する天体であるが、銀河は天の川銀河の外に存在する、いわば隣の宇宙ともいうべき大規模の天体。さらに楕円銀河、渦巻銀河等に分類される。かつては星雲と混同されていた時期もある。

▼ 子持ち銀河(M51 おおぐま座)

1 星図を見るための基礎知識

06 重星（じゅうせい）

　重星とは、**二つの恒星がごく接近して見える天体**です。重星には、たまたま同じ方向に見えている「**見かけの重星**」と、空間的にも近くにありお互いの重力の影響を受けて公転している「**連星**」があります。星雲星団の観察は月夜や透明度の悪い夜には不向きですが、重星の観察はそのような悪条件でも比較的観察に耐えます。重星の明るい方を**主星**（しゅせい）、暗い方を**伴星**（はんせい）といいます。色の異なるペアでは主星と伴星のコントラストを楽しめます。

▼ アルビレオ（はくちょう座）

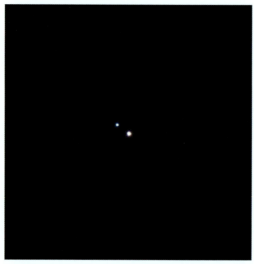

全天でも屈指の美しい二重星で天上の宝石とも称される。
オレンジと深青のコントラストが素晴らしい。

 天体観測手帳では、小口径でも観察しやすい重星を中心に掲載しています。

Chapter

2

季節の星座を
楽しもう

星空の楽しみの第一歩は星座探しです。星座は数千年前の古代から愛され、神話の登場人物や動物たちが描かれています。私たちは現代でも古代と同じ星空を見ることができます。また現代天文学でも、星座には天体の位置を示す住所の役割があります。全天には88の星座がありますが、この章では、日本で見られる主な星座を季節ごとに解説します。

01 季節の星座の探し方

天体観測手帳を使った探し方

　下記の星図は、天体観測手帳の週間カラー部です。東京21時の星空を掲載していますが、国内20時〜22時頃であれば、それほど違和感なく使えます(時刻や観測地の違いによる補正は、P14「地平座標星図の見方」を参照してください)。

▼ 天体観測手帳の週間カラー部。毎週土曜日21時の星空の様子がわかる

　北の方向を観察するときは左の図を、南の方向を観察するときには右の図を使います。また、天体観測手帳には月や惑星の位置も記入されています。

　夜、天体観測で星図を参照するときは、赤色光のペンライトを使用すると良いです。せっかく暗闇に順応した目で明るい光を見てしまうと、再び暗い天体が見づらくなってしまいます。赤い光なら目への刺激が少なくてすむのです。

▼ 天体観測手帳を使った観察

星座早見盤を使った探し方

星座の観察に最も利用されるアイテムは星座早見盤（P19参照）でしょう。日付と時刻を合わせるだけで、その時の星空の配置を知ることができます。構造が簡単で手軽に利用できることは最も大きな長所です。

欠点は、「星図のひずみが大きい」ことや、「月・惑星の位置を表示できない」ことがあげられます。

一般的な星座早見盤では、北極付近の星座は小さく、南天に向かうほど東西方向に引き伸ばされて歪んだ形になってしまいます。

星座早見盤の中には、お椀型にしたり、盤の両面を使って南天と北天を分けるなどして、星図のひずみを緩和するように工夫されたものも市販されています。

▼ 星座早見盤を使った観察

パソコンやタブレットを使った探し方

パソコンやタブレットを利用すると、星空の観察はさらに効率的になります。パソコン用のプラネタリウムソフトには、無料のものから有料のものまで多数存在しますが、愛好家の間で最も普及している定番は、ステラナビゲータシリーズ（アストロアーツ社）でしょう。ステラナビゲータは、アマチュアのみならずプロも愛用する操作性・信頼性が高く、高機能の優れたソフトです。

タブレット、スマートフォン用のアプリには、位置情報・方角を検知して、画面の方向にある星空をバーチャルに表示するものが数種あり、便利に使えます。

フリーの星図ソフトも多数あり、星座の観察ならそのようなソフトでも十分でしょう。

▼ 定番のプラネタリウムソフト「ステラナビゲータ（アストロアーツ社）」

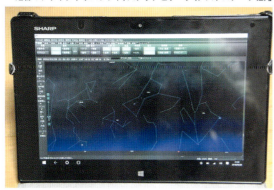

▼ タブレットを使った観察

星座と恒星の名前

明るい恒星の多くには、ベガ、アルタイル等の固有名があり、複数の固有名を持つ恒星もあります。

また、固有名以外にも、よく使われる恒星の識別方法に「バイエル符号」「フラムスティード番号」があります。

 天体観測手帳では、主な約50星を固有名で表記しています。

●バイエル符号

バイエル符号は、1603年ヨハン・バイエル（Johann Bayer 1572-1625 独）により出版された星図「ウラノメトリア」（P19参照）に初めて記された恒星の識別符号です。

バイエル符号は、星座ごとにα星、β星、γ星…ω星として、ギリシャ文字の小文字[*1]が与えられており、おおむね明るい順に振られています。

例えば「こと座α星」はベガ、「さそり座α星」はアンタレスを指し、その星座を代表する最輝の星です。しかし、必ずしも最輝の星をα星としているわけではありません。オリオン座は明るい順にリゲル（0.18等）、ベテルギウス（0.45等）ですが、「オリオン座α星」はベテルギウス、「オリオン座β星」はリゲルです。また、ふたご座では明るい順にポルックス（1.16等）、カストル（1.58等）ですが、「ふたご座α星」はカストル、「ふたご座β星」はポルックスです。

●フラムスティード番号

イギリスの天文学者ジョン・フラムスティード（John Flamsteed 1646-1719）が、星座ごとに、赤経の若い順に恒星につけた識別番号です。「○○座 xx番星」と呼称します。バイエル符号よりも多数の恒星に振られているために、バイエル符号のない恒星に対して使われるケースが多い識別法です。例えば、ベガは「こと座3番星」と同じです。

本書では、バイエル符号を優先して記載しています。

▼ 固有名、バイエル符号、フラムスティード番号の例

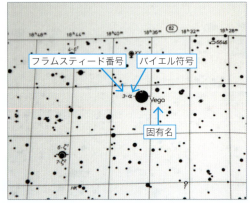

ウラノメトリア2000.0 こと座付近。「3-α」「Vega」の印字に注目。固有名：Vega（ベガ）＝バイエル符号：こと座α星＝フラムスティード番号：こと座3番星。

[*1] ギリシャ文字の小文字以外に、「b、c、d…、z」も使用されている。

02 春の星座

　春の星空は、冬や夏に比べて穏やかな趣があります。最初に見つけやすい北斗七星、しし座、おとめ座を探しましょう。北斗七星はおおぐま座の一部です。北斗七星の柄のカーブを伸ばしていくと、うしかい座のアルクトゥルス、おとめ座のスピカに達し、これを「春の大曲線」と呼びます。アルクトゥルス、スピカ、しし座のデネボラで形作れる大きな正三角形は春の大三角です。

▼ 春の星空

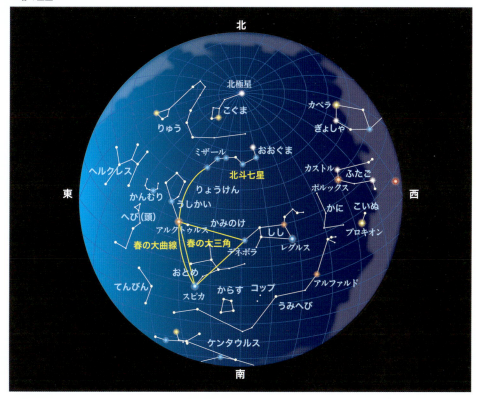

主な星座	かに座、しし座、おとめ座、うしかい座、りょうけん座、おおぐま座、うみへび座、からす座、ケンタウルス座
星空の目印	春の大三角、春の大曲線、北斗七星

注　本章に掲載している星座絵は、ヘベリウス星座図、ウラノグラフィアのものを引用しています。実際に収録されている星座絵の多くは、天球を外側から見た"鏡像"となっていますが、本書では、鏡像となっている図については実際に空を見上げた通りの像に反転して掲載しました。

かに座（Cancer 略符Cnc）

　黄道十二星座のひとつですが、明るい星がなく探すことの難しい星座です。この中で、プレセペ星団（M44）は全天屈指の大型の散開星団で、肉眼、双眼鏡、望遠鏡でそれぞれ観察したい対象です。ギリシャ神話では、英雄ヘルクレスが九頭の大蛇ヒドラ（うみへび座）と格闘した際に、ヒドラの助っ人に現れた大ガニとされています。

▼かに座

▼かに座の星座絵（ウラノグラフィア*2）

しし座（Leo 略符Leo）

　春の星座では最も立派な星座の一つです。星の並びから浮かび上がるライオンの姿は見事な出来栄えです。ギリシャ神話では、英雄ヘルクレスと闘った人食いライオンとされています。1等星レグルスは、ライオンの胸のあたりで輝きます。11月中旬に活動するしし座流星群は、ライオンのたてがみに位置するγ星アルギエバ付近が放射点です。

▼しし座

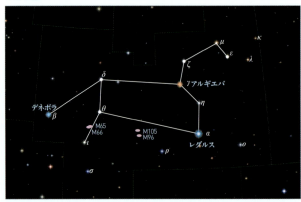

▼しし座の星座絵（ウラノグラフィア）

＊2　ウラノグラフィア：1801年ヨハン・ボーデ（Johann Bode 1747-1826 独）により出版された星図。ヘベリウスによる画も収録されている。

おとめ座（Virgo 略符Vir）

　モデルは、ギリシャ神話の農業の女神デメテルか、正義の女神アストレイアとされています。1等星スピカは「穂先」の意味で、デメテルのシンボル「麦」の穂先とされています。星座の結びから女神を描くには多少の想像力が必要です。おとめ座からかみのけ座付近は、系外銀河が非常に多く、「銀河の原」とも呼ばれます。

　おとめ座には秋分点があり、毎年秋分の日には、この位置に太陽がやってきます。

▼おとめ座

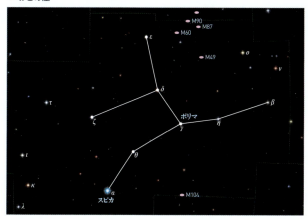

▼おとめ座の星座絵（ウラノグラフィア）

うしかい座（Bootes 略符Boo）

　1等星アルクトゥルスは春の空で最も明るい恒星です。アルクトゥルスは「熊の番人」の意味で、うしかい座はりょうけん座を従えておおぐま座を追っています。この星座は南北に長く、地平出時には地平線に横たわっており、地平没時には地平線に垂直に沈みます。このことを指して、古代ギリシャ詩人ホメロスの「オデュッセイア」には「沈むに遅きボーテス」というくだりがあります。

▼うしかい座

▼うしかい座の星座絵（ウラノグラフィア）

りょうけん座（Canes Venatici 略符CVn）

　最も明るいコルカロリ（りょうけん座α星）が2.9等で、うしかい座とおおぐま座に挟まれた目立たない領域の星座です。17世紀にヘベリウス（独）によって定められた星座ですが、古代から描かれていた猟犬を星座として独立したという方が適切です。コルカロリは白色と青緑色の小望遠鏡向きの美しい二重星です。

▼りょうけん座

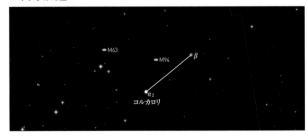

▼りょうけん座の星座絵
（ウラノグラフィア）

おおぐま座（Ursa Major 略符UMa）、北斗七星

　この星座のモデルとなる大熊の形をたどるには努力が要りますが、大熊の腰から尻尾にあたる「北斗七星」はよく目立ちます。北斗七星は、天の北極に近いため、東京でもほぼ一年中見ることができますが、宵空に空高く昇り、観察しやすいのは春です。「斗」は「ひしゃく」の意味で、日本や中国をはじめ世界各地で「大きなスプーン」として捉えられ、欧米では「ビッグディッパー」とも呼ばれ愛されています。
　こぐま座とおおぐま座の由来とされるギリシャ神話も有名です。（→こぐま座P46参照）

▼おおぐま座の星座絵
（ウラノグラフィア）

▼おおぐま座

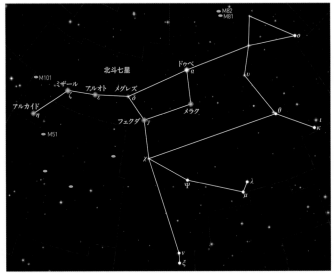

うみへび座（Hydra 略符Hya）

　うみへび座はギリシャ神話に登場する九頭の大蛇ヒドラの姿とされていますが、多くの星座絵では頭はひとつだけ描かれています。東西に長く、この星座の頭が地平線から昇り尻尾の先が昇るまでなんと8時間もかかります。また、全天で最も面積の広い星座です。この星座の主星**アルファルド**（うみへび座α星）は「孤独なもの」の意味で、周囲に目立った星がないことから名付けられています。

▼ うみへび座

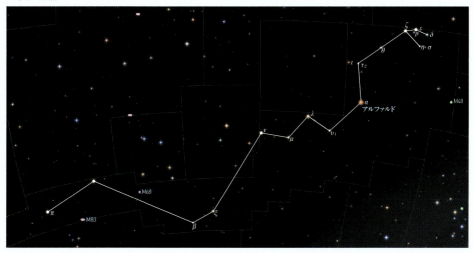

▼ うみへび座の星座絵（ヘベリウス星座図[*3]）

▼ ヘルクレスと闘うヒドラを描いた古代のレリーフ

左下にはヒドラを助けに現れた大ガニ（かに座）が描かれている。
（アテネ国立考古博物館所蔵）

> ## 日欧で異なる「麦星」
>
> おとめ座のスピカは、ヨーロッパでは農業の神デメテルのシンボル「麦の穂先」とされています。一方、日本で「麦星」は同じく春の1等星アルクトゥルスとされていました。これは麦の収穫時期（6月頃）に空高く輝くことから由来しています。同じ「麦」でも指す星が異なるのは面白いですね。なお、スピカは青白色の美しい星で、日本では「真珠星」とも呼ばれます。

[*3]　ヘベリウス星座図：1609年ヨハネス・ヘベリウス（Johannes Hevelius 1611-1687 ポーランド）により出版された星図。日本では復刻版の「ヘベリウス星座図絵（1993 地人書館）」が刊行されている。

からす座(Corvus 略符Crv)

　4つの3等星が特徴ある四辺形を作っています。これがこの領域では意外と目立ち、日本では「帆かけ星」とも呼ばれています。ギリシャ神話では、からすは太陽神アポロンの聖鳥で元は白い鳥だったのが、アポロンに嘘をついたために黒い色に変えられたとされています(アポロンが誤解したという伝承もあります)。

▼からす座

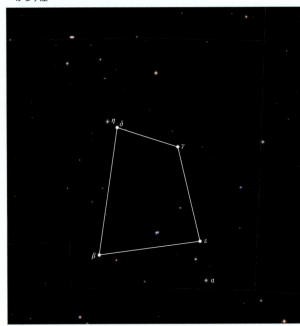

▼からす座の星座絵(ウラノグラフィア)

▼アポロンとカラスの絵皿

デルフィー博物館(ギリシャ)所蔵

星座の面積と境界線

　現在採用されている88星座は、1928年に国際天文学連合によって定められ、その際に星座の境界線も策定されました。不思議に感じるかもしれませんが、星座の線のつなぎ方には公式なルールはなく、資料によって違っていることも珍しくありません。境界線が決められると、星座の面積も決まります。以下は星座の広さ順にベスト10を並べたものです。興味深いことに、ベスト3のうみへび座、おとめ座、おおぐま座の3星座はいずれも春の星座です。

●星座の面積ベスト10

1位うみへび座、2位おとめ座、3位おおぐま座、4位くじら座、5位ヘルクレス座、6位エリダヌス座、7位ペガスス座、8位りゅう座、9位ケンタウルス座、10位みずがめ座

ケンタウルス座（Centaurus 略符Cen）

　南天に低く、南中時でも星座の一部は地平線の下（東京）です。おとめ座が南中する頃にケンタウルス座も南中するので、その時期を目安に探してみましょう。この星座はギリシャ神話に登場する「半人半馬族＝ケンタウルス族」が描かれています。全天最大の球状星団ω星団はこの星座にあります。

▼ ケンタウルス座

▼ ケンタウルス座の星座絵（ウラノグラフィア）

▼ パルテノン神殿のレリーフにあるケンタウルス族と戦うギリシャ人

アクロポリス博物館（ギリシャ）所蔵

星座とギリシャ神話

　星座の物語といえばロマンチックなギリシャ神話がすぐに連想されることでしょう。実際、古代ギリシャ、ローマ期に成立していた星座のほぼすべてにギリシャ神話が挿入されています。しかし、なぜかトロヤ戦争などギリシャ神話としてメジャーな話にまつわる星座は意外に少ないのです。これは、星座と神話の成立はセットではなく、多くは独立に成立したものが長い年月の間に後付されたためと考えられています。

▼ アフェア神殿（ギリシャエギナ島）

トロヤ戦争の英雄たちの破風彫刻で知られている。

03 夏の星座

　夏の星空は、はくちょう座、さそり座を筆頭に明るい星々に彩られています。空の暗いところでは、天を二分する天の川も美しい季節です。ベガ（こと座）、アルタイル（わし座）、デネブ（はくちょう座）の1等星が作る夏の大三角はよく目立ち、最初に探したい目印です。日本や中国では、ベガ、アルタイルの2星は、それぞれ織姫星、彦星（牽牛星）として親しまれています。

▼ 夏の星空

主な星座	てんびん座、さそり座、いて座、こと座、わし座、はくちょう座、ヘルクレス座、へびつかい座、へび座、かんむり座、りゅう座、こぐま座
星空の目印	夏の大三角

てんびん座（Libra 略符Lib）

　てんびん座は、黄道十二星座としては成立が遅く、古代ではさそり座の一部やおとめ座の一部として描かれています。てんびん座の3星には「南の爪（α星）」「北の爪（β星）」「さそりの爪（γ星）」の固有名がありますが、これはさそり座の一部だったころの名残です。てんびん座は、正義の女神アストレイアの持つ「善悪を測る天秤」とされ、世界的にも司法関係機関のシンボルになっています。

▼ てんびん座

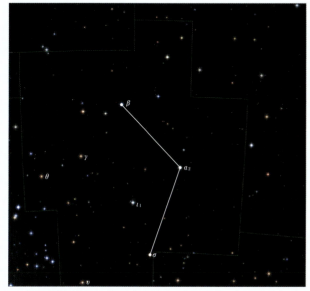

▼ てんびん座の星座絵（ウラノグラフィア）

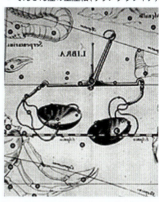

▼ メルカトル天球儀（16世紀）のてんびん座まで爪を伸ばすさそり座

▼ 日本弁護士会のバッジ

中央に正義の天秤が描かれている。
（日本弁護士連合会ホームページより）

さそり座(Scorpius 略符Sco)

　夏の星空の代表ともいえる星座です。ギリシャ神話の中では、狩人オリオンを刺殺した毒さそりとされています。主星アンタレスを中心に滑らかに描ける釣り針型のカーブはよく目立ちます。1等星アンタレスの実体は極めて巨大な星で、直径は太陽の700倍もあります。このような星を「赤色巨星」といい、寿命の末期を迎えた星です。さそり座の後ろ半分は夏の天の川の中にあり、双眼鏡や望遠鏡で見ごたえのある星雲星団が多数あります。

▼さそり座

▼さそり座の星座絵(ヘベリウス星座図)

いて座(Sagittarius 略符Sgr)

　ケンタウルス座と同じく、ギリシャ神話の半人半馬族とされています。伝承によっては、ケンタウルス族の賢人「ケイロン」の姿とされます。「いて」は漢字で「射手」で、ケイロンの引く弓矢がうまく星座線でたどることができます。いて座の中の星の組み合わせで、6個の星のひしゃく型の並びがあり、これを中国では「南斗六星」と呼びます。また、ほぼ同じ領域を欧米では「いて座のティーポット」と呼んで親しんでいます。

　いて座には、さそり座との境界近くに冬至点があり、冬至の日にここを太陽が通過します。

▼いて座

▼いて座の星座絵(ヘベリウス星座図)

▼南斗六星

▼ティーポット

こと座（Lyra 略符Lyr）

　小さいながら、1等星ベガと均整の取れた平行四辺形で作る美しい星座です。ギリシャ神話では、竪琴の名手オルフェウスの琴とされています。ベガは「落ちる鷲」の意味で、近傍のε星とζ星で作る正三角形を、獲物を狙って翼をたたんだ鷲の姿に見立てたことから由来します。日本や中国では、織女星としてもよく知られていますね。

▼こと座

▼こと座の星座絵（ウラノグラフィア）　▼ロダン作のオルフェ像

妻を失ったオルフェウスの悲しみを表現している。
こと座となった竪琴を抱えている。
（鹿児島県薩摩川内市国際交流センター）

わし座（Aquila 略符Aql）

　鷲は、ギリシャ神話の最高神ゼウスのシンボルです。多くの星座絵には、鷲に化けたゼウスがトロイアの王子ガニメデスをさらう姿が描かれています。天の川の中にあって、周囲を微光星に包まれています。1等星アルタイルは「飛ぶ鷲」の意味で、近傍のβ星とγ星で作るラインを、翼を広げて飛翔する鷲の姿に見立てたことから由来します。日本や中国では、牽牛星（彦星）としても知られており、織女星（ベガ）と天の川を挟んでいます。

▼わし座

▼わし座の星座絵（ウラノグラフィア）

黄道十二星座とは

　黄道とは、天球上の太陽の経路です（P8参照）。太陽の位置を知ることは、季節を知るために古代から重要だったため、黄道上に星座が配置されました。これが黄道十二星座として現代にも伝わっているものです。黄道十二星座の成立の時期は正確にはわかっていませんが、その原型は紀元前3000年頃の古代バビロニア（現在のイラク付近）と考えられています。黄道十二星座は、全天の星座の中でも最も成立が早かったのです。

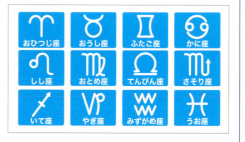

はくちょう座（Cygnus 略符Cyg）

　空飛ぶ白鳥の姿を描いた全天屈指の均整の取れた星座です。大きな十字型から「北十字」とも呼ばれます。1等星デネブは白鳥の尾の位置にあり、そのまま「尾」という意味です。夏の天の川のほぼ中央にあり、肉眼でも写真でも美しい姿を楽しめます。くちばしに当たるアルビレオは、「天空の宝石」とも称される美しい二重星です。ギリシャ神話では、スパルタの王妃レダと逢引するために、ゼウスが化けた白鳥の姿とされています。（→ふたご座P56参照）

▼ はくちょう座

▼ はくちょう座の星座絵（ウラノグラフィア）

ヘルクレス座（Hercules 略符Her）

　ギリシャ神話の英雄ヘルクレスの姿です。ヘルクレスは、試練として与えられた十二の冒険をはじめ、多くの神話があります。ヘルクレスと闘った相手では、しし座、かに座、うみへび座、りゅう座が星座となっています。ヘルクレス座は最も明るいラスアルゲティ（α星）が2.8等ですから、暗い星が多くあまり探しやすくはありません。

▼ ヘルクレス座

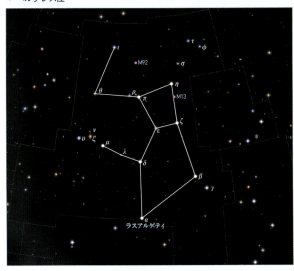

▼ ヘルクレス座の星座絵（ウラノグラフィア）

へびつかい座(Ophiuchus 略符Oph)
へび座(Serpens 略符Ser)

　へびつかい座とへび座は一体でとらえた方が適当です。へびつかい座は、ギリシャ神話最高の名医アスクレピオスがモデルで、蛇は健康のシンボルとされていました。蛇は脱皮することで、若さを取り戻すためとされます。へびつかい座・へび座とも星の並びをつかみにくい星座ですが、両星座でとても広い空域をカバーしていますから、ぜひ覚えたいものです。へび座は頭部と尾部にエリアが分かれています。

▼へびつかい座、へび座

▼へびつかい座、へび座の星座絵(ヘベリウス星座図)

▼アスクレピオス像

アスクレピオスの持つ杖は、WHO(世界保健機関)のマークにもなっている。

アテネ国立考古博物館所蔵

かんむり座(Corona Borealis 略符CrB)

　かんむり座は小ぶりですが、よくまとまって目立つ星座です。6〜7月頃、空高く天頂付近に半円を描く姿を見つけましょう。ギリシャ神話では、クレタ島の王女アリアドネに酒神ディオニュソスが贈った冠とされています。

▼ かんむり座

▼ かんむり座の星座絵(ウラノグラフィア)

りゅう座(Draco 略符Dra)

　天の北極に近く、ほぼ一年中見ることのできる星座ですが、宵空に最も高く昇るのは夏の頃です。目立った星の並びがない中で、ベガの北にある竜の頭部の小さな台形をまず探しましょう。竜の頭は、こと座のベガを狙っているように見えます。ギリシャ神話では、世界の西の果てで、女神ヘラの黄金のリンゴを守る「聖竜ラドン」とされています。

▼ りゅう座

▼ りゅう座の星座絵(ヘベリウス星座図)

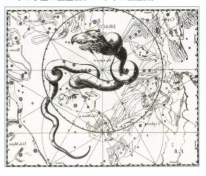

こぐま座（Ursa Minor 略符UMi）

北極星(ポラリス)を先端とする小さな「ひしゃく型」の星座です。夏の星座に分類しましたが、一年中見られます。北斗七星の「大びしゃく」に対して「小びしゃく」とも呼ばれます。ギリシャ神話では、大熊と小熊は熊に変えられた親子の姿とされています。大神ゼウスは妖精カリストとの間に息子アルカスを産みますが、カリストの仕える処女神アルテミスの怒りにより熊の姿にされたという神話があります。

▼ こぐま座

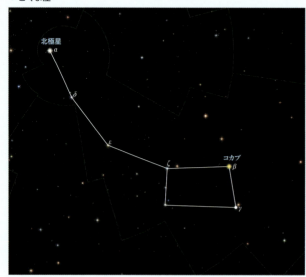

▼ こぐま座の星座絵(ウラノグラフィア)

芋名月と栗名月

中秋の名月は「十五夜」「芋名月」ともいいます。その約一か月遅れとなる旧暦9月13日の月を「栗名月」といいその夜は「十三夜」と呼ばれます。芋名月はほぼ満月であるのに対して、栗名月はそれより二晩早い欠けた月です。「十五夜」は中国から伝来した行事であるのに対して、「十三夜」は日本固有の風習と考えられています。「十三夜」が鑑賞されるようになった頃とされるのは、延喜十九年(919)で、とても古い行事であることがわかります。満月ではなく、少し欠けた部分に日本的なワビ・サビの魅力を見出していたのでしょうか。江戸時代の最盛期には、十五夜で招いたお客人を、九月十三日の十三夜にも招く習わしになっていたようで、十五夜だけ観月をするのは片見月といって忌み嫌われていたようです。なお、中秋の名月についてはP77を参照してください。

04 秋の星座

　秋の星座には1等星は**フォーマルハウト**（みなみのうお座）の1星しかなく、なんとなく物静かです。秋の星空の目印には、**秋の大四辺形**や**カシオペヤ座**が頼りになります。秋の大四辺形は、ペガスス座の本体に当たり「**ペガススの四辺形**」とも称されます。この2等星で作られる大きな正方形はひときわ目立つ存在で、秋の星座を探す手がかりとなります。

▼ 秋の星空

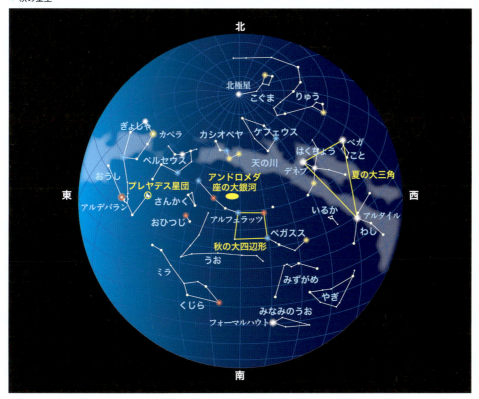

主な星座	やぎ座、みずがめ座、うお座、おひつじ座、カシオペヤ座、ペガスス座、アンドロメダ座、ケフェウス座、ペルセウス座、くじら座、みなみのうお座
星空の目印	秋の大四辺形（ペガススの四辺形）、カシオペヤ座

やぎ座（Capricornus 略符Cap）

　あわて者の牧羊神パーンが、怪物テューホンに驚いて、川に飛び込み泳いで逃げた際に、水に浸かった下半身だけが魚になった姿とされています。「パニック」は、パーンの慌てぶりが語源となっています。星の少ない領域ながら、やぎ座の作る逆三角形はまずまず目立つ方でしょう。この星座では最も目立つ、α星とβ星のペアを探しましょう。α星とβ星はそれぞれが、肉眼的な重星でもあります。

▼やぎ座

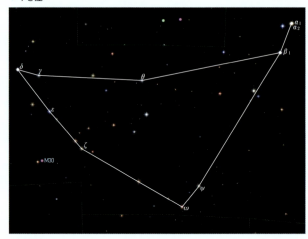

▼やぎ座の星座絵（ヘベリウス星座図）

みずがめ座（Aquarius 略符Aqr）
みなみのうお座（Piscis Austrinus 略符PsA）

　「みずがめ座」と「みなみのうお座」はセットで描かれることの多い星座です。星座絵では、みずがめ座から注がれる水流が「みなみのうお」の口元に達しています。

　ギリシャ神話では、この水瓶を持つ人物は、大神ゼウスがさらってきて神々にお酒を注ぐ役割を与えられた美少年ガニメデスとされます。

　みずがめ座はたどりにくい星座ですが、水瓶の位置のζ星を中心とする「三ツ矢」がわかりよいポイントです。みなみのうお座には秋の星座でただひとつの1等星フォーマルハウトがあります。これは「魚の口」の意味です。

　フォーマルハウトの周囲には目立つ星が見当たらないことから、日本では「南のひとつ星」とも呼ばれます。

▼みずがめ座、みなみのうお座

▼みずがめ座の星座絵（ヘベリウス星座図）

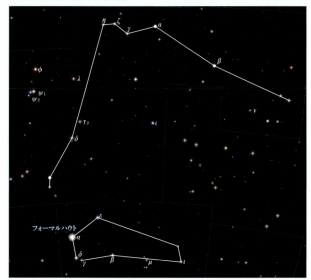

うお座（Pisces 略符Psc）

　やぎ座の神話で紹介した怪物テューホンに驚いて逃げた神々の中に、女神アフロディーテと息子エロスもいました。この仲の良い母子は川に飛び込んだ際、魚に化け、お互いが離ればなれにならないよう、紐で結び付けたとされます。うお座は、十二星座中でも探すことの最も難しい星座の一つでしょう。ペガススの四辺形をなでるようにつながる星々の列を見るためには、月のない暗夜がお勧めです。

　うお座には春分点があり、毎年春分の日にはこの位置に太陽がやってきます。

▼うお座

▼うお座の星座絵（ヘベリウス星座図）

2 季節の星座を楽しもう

おひつじ座（Aries 略符Ari）

　探しやすい星座とは言いにくいのですが、明るい星がこの星域では目立ちます。この星座から絵のような羊の姿を思い浮かべるのは、かなりの想像力がいることでしょう。ギリシャ神話では、プリクソスとヘレの兄妹を助けるために、大神ゼウスが送った「空飛ぶ金色の羊」の姿とされています。

▼おひつじ座

▼おひつじ座の星座絵（ヘベリウス星座図）

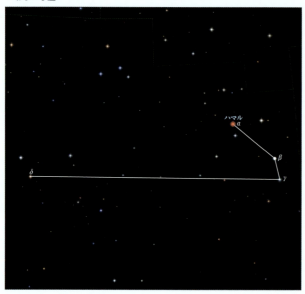

古代エチオピア王家のギリシャ神話

秋の星座は、古代エチオピア王家の神話で彩られています。王はケフェウス、王妃はカシオペヤ、王女はアンドロメダです。カシオペヤは自らの暴言で海神ポセイドンの怒りを買ったため、娘アンドロメダを海の怪物ケートス（くじら座）にいけにえとして差し出すことになってしまいました。このとき英雄ペルセウスが通りかかります。ペルセウスは、魔女メデューサを退治した帰路でした。そこでケートスに襲われるアンドロメダを見つけ、天馬ペガススに乗って闘います。ケートスはペルセウスによって退治され、ペルセウスはアンドロメダを妻としました。
この後から登場する星座たちは、この神話でつづられており、秋のプラネタリウム番組の定番となっています。なお、当時のエチオピアとは、ナイル川上流の地域を指す呼称です。

カシオペヤ座（Cassiopeia 略符Cas）

　秋の星座では、ペガススの四辺形とともに最も目立つ、よく知られたW型の星座です。星座観察の起点となるでしょう。カシオペヤ座は、秋の天の川の中にあります。秋の天の川は、夏の天の川の延長上で、夏ほど豪華ではありませんが、細く繊細で美しいものです。ぜひ、月明かりのない暗夜に観察しましょう。

▼ カシオペヤ座

▼ カシオペヤ座の星座絵（ウラノグラフィア）

ペガスス座（Pegasus 略符Peg）

　ペガスス座の4つの2等星が作る大きな四辺形は**ペガススの四辺形**、**秋の大四辺形**などと呼ばれ、秋の星座の中でよく目立ちます。天馬ペガススは、地平に対して逆さまになっています。星座線をたどってみるとなかなかうまくできた星座です。天馬ペガススのお腹にあたるアルフェラッツ（「馬のへそ」の意味）は、アンドロメダ座の頭と星を共有していますが、天文学上はアンドロメダ座のα星とされています。

▼ ペガスス座

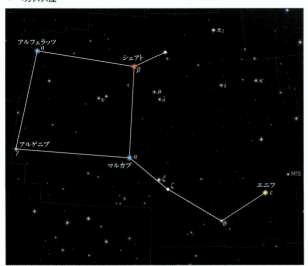

▼ ペガスス座の星座絵（ウラノグラフィア）

アンドロメダ座（Andromeda 略符And）

　秋の四辺形の1星アルフェラッツを先頭に並ぶ星の列をたどると、アンドロメダ座が出来上がります。星座絵では、いけにえにされるために鎖につながれた姫の姿で描かれています。有名なアンドロメダ座の大銀河（M31）は、アンドロメダの膝のあたりにあり、暗夜には肉眼でも存在がわかります。

▼ アンドロメダ座

▼ アンドロメダ座の星座絵
　（ウラノグラフィア）

ケフェウス座（Cepheus 略符Cep）

　ケフェウス王はカシオペヤ王妃の夫です。カシオペヤ座の西隣にあるのですが、やや見つけにくい星座です。細長い五角形を探します。この五角形からケフェウス王の姿を想像することはちょっと難しいことでしょう。

▼ ケフェウス座

▼ ケフェウス座の星座絵
　（ウラノグラフィア）

ペルセウス座(Perseus 略符Per)

　英雄ペルセウスが刀を振り上げ、もう片方の手には魔女メデューサの頭部を掲げている姿です。星の滑らかな列で作られており探しやすい星座です。この星列のカーブの北方には、二重星団が、南方にはお隣おうし座のプレヤデス星団があります。8月12、13日頃にピークを迎えるペルセウス座流星群の放射点は、ペルセウス座の頭部付近にあります。

▼ ペルセウス座の解説図

▼ ペルセウス座の星座絵（ウラノグラフィア）

ペルセウスの像？

この像は古代の沈没船から発見された像で、英雄ペルセウスか、トロイアの王子パリスと論争され、現在のところ決着がついていません。右手に掲げているものがポイントとなるのですが、発見時にはすでに失われていました。もし、魔女メデューサの首ならばペルセウス、リンゴならばパリスと決着するのですが、あなたはどちらと思いますか？

古代の沈没船から発見されたアンティキテラの青年像。
（アテネ国立考古博物館所蔵）

くじら座（Cetus 略符Cet）

　くじらといっても現存の動物ではなく、アンドロメダ姫を襲う想像上の海の怪物ケートスです。星座絵には恐ろしい怪物が描かれています。秋の星座では最も面積が広く、大きな姿が星空に広がります。脈動変光星ミラはちょうど怪物の心臓のあたりというお似合いの位置にあります。

▼くじら座

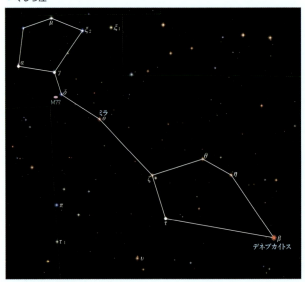

▼くじら座の星座絵（ウラノグラフィア）

05 冬の星座

　冬の星空は、年間を通じて最も豪華な季節となります。オリオン座、冬の大三角がよく目立ち、他の星座を探す起点となります。大三角の1星シリウス（おおいぬ座）は、全天で最も明るい恒星です。冬の大三角をはじめ、代表的な1等星を結ぶと天頂まで広がる巨大な六角形を描くことができ、「冬のダイヤモンド」と呼ばれます。

▼冬の星空

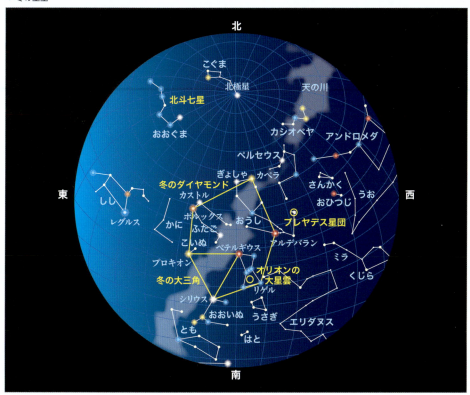

主な星座	おうし座、ふたご座、オリオン座、ぎょしゃ座、おおいぬ座、こいぬ座、エリダヌス座、うさぎ座
星空の目印	冬の大三角、冬のダイヤモンド

おうし座（Taurus 略符Tau）

　ヒヤデス星団・プレヤデス星団の大型の星団が2つもあり、ヒヤデス星団のＶ字型がそのまま牡牛の顔を作っています。1等星アルデバランはヒヤデス星団の一角にありますが、星団の一員ではありません。2本の長い角を持つ牡牛の上半身を描いたこの星座はとてもよくできていて、一度たどると忘れないでしょう。この牡牛のモデルは、大神ゼウスがフェニキア王女エウロパをさらうときに化けた牛の姿というものや、やはりゼウスが妻ヘラの眼を欺くために、浮気相手の娘イオを牛に変えた姿というギリシャ神話があります。

　おうし座にはふたご座との境界上に夏至点があり、夏至の日にここを太陽が通過します。

▼おうし座

▶おうし座の星座絵（ウラノグラフィア）

ふたご座（Gemini 略符Gem）

　2月頃の宵空でほぼ天頂付近に並んで輝く2星がふたご座の主星で、青白くやや暗い方が兄のカストルで、黄色くやや明るい方がポルックスです。わずかな明るさの差で、ポルックスは1等星、カストルは2等星に分類されます。それぞれが双子の頭部に当たり、南西方向に向かって続く星の列で全身が形作られる明るく立派な星座です。双子の足元は、冬の天の川の中にあり微光星がいっぱいです。12月14日頃にピークを迎えるふたご座流星群の放射点は、カストル付近にあります。

▼ ふたご座

▼ ふたご座の星座絵(ウラノグラフィア)

2 季節の星座を楽しもう

こいぬ座（Canis Minor 略符CMi）

　こいぬ座は小さながら、1等星**プロキオン**の位置する星座です。プロキオンは「犬の前」の意味で、おおいぬ座の頭部が上る頃に地平出する頃から名付けられたとされています。おおいぬ座、こいぬ座ともギリシャ神話にはさまざまな伝承があり、有力な神話は定まっていません。

▼ こいぬ座

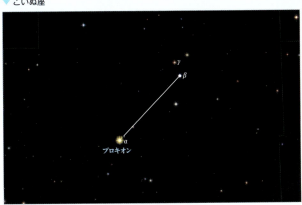

▼ こいぬ座の星座絵(ウラノグラフィア)

オリオン座（Orion 略符Ori）

　学校の教科書に最初に登場するほど全天でも代表的な星座ですから、改めて解説も不要なほどでしょう!?　三つ星、赤色の1等星ベテルギウス、青色の1等星リゲルがすぐに目につきます。ギリシャ神話では、オリオンは傲慢な「狩人」というキャラクターで、そういえばオリオン座の周囲は、おうし、うさぎ、はと、おおいぬ、こいぬ等の動物をかたどった星座が囲んでいますね。
　オリオン座の中心部にある大星雲(M42)は、肉眼でも存在のわかる全天屈指の散光星雲です。

▼オリオン座

▼オリオン座の星座絵（ウラノグラフィア）

ぎょしゃ座（Auriga 略符Aur）

　1月の星空の天頂付近で最も明るい1等星カペラがよく目立ちます。カペラを含む5星で形作る将棋の駒のような明るい5角形がぎょしゃ座です。2等星エルナトは、天文学上はおうし座に分類されますが、星座のイメージはおうし座と共用しています。駁者は「馬車に乗る者」の意味で、ギリシャ神話のアテネ王エリクトニオスとされています。カペラは「子ヤギ」の意味で、星座絵でもこの位置で子ヤギが抱きかかえられています。ぎょしゃ座は冬の天の川の中にあり、双眼鏡、望遠鏡、天体写真、いずれの観察にも美しい対象がたくさんあります。

▼ ぎょしゃ座

▼ ぎょしゃ座の星座絵（ウラノグラフィア）

▼ エレクティオン神殿

神話のアテネ王エリクトニウスにささげられた神殿（アテネ）。

おおいぬ座（Canis Major 略符CMa）

　冬の南天で最輝の星シリウスを主星とする星座です。シリウスは「焼き焦がすもの」の意味で、それほど明るいことを表しています。シリウスを中国では「天狼星」と呼び、狼の眼光をイメージしています。星座を構成する他の恒星も明るく、オリオン座にじゃれるように後ろ立ちしている犬の姿を想像できることでしょう。

▼ おおいぬ座

▼ おおいぬ座の星座絵（ウラノグラフィア）

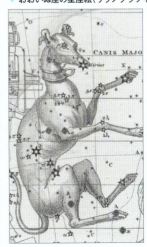

エリダヌス座(Eridanus 略符Eri)

オリオン座のリゲル付近から始まり南天の地平線まで続く長い川の星座です。1等星アケルナルは「川の果て」の意味で、九州以南の地域でしか地平線上に上りません。ギリシャ神話では、太陽神アポロンの子ファエトンが、太陽の馬車の操作を誤り落下した川とされています。長い星座ですが、大きくカーブした星の並びが連続しています。

▼エリダヌス座

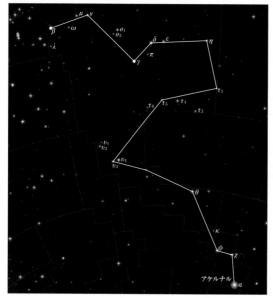

▼エリダヌス座の星座絵(ウラノグラフィア)

うさぎ座(Lepus 略符Lep)

オリオン座の南隣にある小星座です。特に明るい星はありませんが、この領域にあっては6個の星でHを横に寝かせた星の並びをたどることができます。狩人オリオン、おおいぬに隣接して、ここに「うさぎ」が描かれているのは納得できることでしょう。

▼うさぎ座

▼うさぎ座の星座絵(ウラノグラフィア)

▼ 全天88星座の表

星座名	略符	学名	時期の目安	東京からの観察(※)
アンドロメダ	And	Andromeda	11月上旬	○
いっかくじゅう	Mon	Monoceros	2月中旬	○
いて	Sgr	Sagittarius	8月中旬	○
いるか	Del	Delphinus	9月上旬	○
インディアン	Ind	Indus	9月中旬	△
うお	Psc	Pisces	11月上旬	○
うさぎ	Lep	Lepus	1月下旬	○
うしかい	Boo	Bootes	6月上旬	○
うみへび	Hya	Hydra	4月下旬	○
エリダヌス	Eri	Eridanus	12月下旬	△
おうし	Tau	Taurus	1月上旬	○
おおいぬ	CMa	Canis Major	2月上旬	○
おおかみ	Lup	Lupus	6月上旬	○
おおぐま	UMa	Ursa Major	4月下旬	○
おとめ	Vir	Virgo	5月中旬	○
おひつじ	Ari	Aries	12月上旬	○
オリオン	Ori	Orion	1月下旬	○
がか	Pic	Pictor	1月下旬	△
カシオペヤ	Cas	Cassiopeia	11月下旬	○
かじき	Dor	Dorado	1月上旬	△
かに	Cnc	Cancer	3月中旬	○
かみのけ	Com	Coma Berenices	5月中旬	○
カメレオン	Cha	Chamaeleon		×
からす	Crv	Corvus	5月上旬	○
かんむり	CrB	Corona Borealis	6月下旬	○
きょしちょう	Tuc	Tucana		×
ぎょしゃ	Aur	Auriga	1月中旬	○
きりん	Cam	Camelopardalis	1月上旬	○
くじゃく	Pav	Pavo		×
くじら	Cet	Cetus	12月上旬	○
ケフェウス	Cep	Cepheus	10月上旬	○
ケンタウルス	Cen	Centaurus	5月下旬	△
けんびきょう	Mic	Microscopium	9月中旬	○
こいぬ	CMi	Canis Minor	2月下旬	○
こうま	Equ	Equuleus	9月中旬	○
こぎつね	Vul	Vulpecula	9月上旬	○
こぐま	UMi	Ursa Minor	7月上旬	○
こじし	LMi	Leo Minor	4月上旬	○
コップ	Crt	Crater	4月下旬	○
こと	Lyr	Lyra	8月上旬	○
コンパス	Cir	Circinus		×
さいだん	Ara	Ara	7月下旬	△
さそり	Sco	Scorpius	7月中旬	○
さんかく	Tri	Triangulum	12月上旬	○

※ 東京からの観察　　○…全部を観察可能　｜　△…一部が見られない　｜　×…全部見られない

星座名	略符	学名	時期の目安	東京からの観察(※)
しし	Leo	Leo	4月上旬	○
じょうぎ	Nor	Norma	7月上旬	△
たて	Sct	Scutum	8月上旬	○
ちょうこくぐ	Cae	Caelum	1月上旬	○
ちょうこくしつ	Scl	Sculptor	11月上旬	○
つる	Gru	Grus	10月上旬	△
テーブルさん	Men	Mensa		×
てんびん	Lib	Libra	6月中旬	○
とかげ	Lac	Lacerta	10月上旬	○
とけい	Hor	Horologium	12月下旬	△
とびうお	Vol	Volans		×
とも	Pup	Puppis	2月下旬	○
はえ	Mus	Musca		×
はくちょう	Cyg	Cygnus	9月上旬	○
はちぶんぎ	Oct	Octans		×
はと	Col	Columba	1月下旬	○
ふうちょう	Aps	Apus		×
ふたご	Gem	Gemini	2月中旬	○
ペガスス	Peg	Pegasus	10月下旬	○
へび	Ser	Serpens	7月上旬(頭部) 8月上旬(尾部)	○
へびつかい	Oph	Ophiuchus	7月中旬	○
ヘルクレス	Her	Hercules	7月中旬	○
ペルセウス	Per	Perseus	12月下旬	○
ほ	Vel	Vela	3月下旬	△
ぼうえんきょう	Tel	Telescopium	8月中旬	△
ほうおう	Phe	Phoenix	11月中旬	△
ポンプ	Ant	Antlia	4月上旬	○
みずがめ	Aqr	Aquarius	10月上旬	○
みずへび	Hyi	Hydrus		×
みなみじゅうじ	Cru	Crux		×
みなみのうお	PsA	Piscis Austrinus	10月上旬	○
みなみのかんむり	CrA	Corona Austrina	8月中旬	○
みなみのさんかく	TrA	Triangulum Australe		×
や	Sge	Sagitta	8月下旬	○
やぎ	Cap	Capricornus	9月中旬	○
やまねこ	Lyn	Lynx	3月上旬	○
らしんばん	Pyx	Pyxis	3月中旬	○
りゅう	Dra	Draco	6月下旬	○
りゅうこつ	Car	Carina	2月中旬	△
りょうけん	CVn	Canes Venatici	5月中旬	○
レチクル	Ret	Reticulum		×
ろ	For	Fornax	12月中旬	○
ろくぶんぎ	Sex	Sextans	4月上旬	○
わし	Aql	Aquila	8月下旬	○

※ 東京からの観察　　○…全部を観察可能　｜　△…一部が見られない　｜　×…全部見られない

Chapter

3

天体の動きと暦

惑星の動きは複雑で、古代から占星術の対象でした。占星術のための天体観測が、天体力学誕生の背景となりました。また、私たちの生活は季節と、季節は太陽の動きと密接な関係があります。動きの目立つ月は、太陽とともに暦の開発に活用され、年中行事は人々の生活に彩を添えてくれます。天体の動きと暦には、切り離すことのできない関係があります。

01 惑星の動きと発見

「惑星」は、星座の間を動いていくことからその名があります。これに対して、動かない星のことを「恒星」と呼びます。惑星の動きは複雑で、古代においては予測がつかないことから占星術が発達しました。人類が、惑星の運動を正しく理解するようになるのは、ヨハネス・ケプラー（Johanees Kepler 1571－1630 独）の登場によります。ケプラーでさえ占星術を職業としており、「天文学は賢い母、占星術は愚かな娘。しかし、娘がパンを稼がなければ母は飢えたろう。」と述べています。

惑星の運行は、ケプラー以降、ガリレイ、ニュートン、ラプラス等により完成度が高められていき、現代では計算によって厳密に予報することができます。私たちは、その成果を年鑑や天文ソフトによって知ることができるのです。

▼ ヨハネス・ケプラーの肖像画

ラプラスの悪魔

フランスの科学者ピエール・ラプラス（Pierre Laplace 1749－1827）は、ニュートンが提出した「万有引力の法則*1」を完成させました。この理論は大成功をおさめ、当時、これで物理学がやることはすべてなくなったとさえ考えられました。ラプラスは、皇帝ナポレオンの面前で「世の中に神という仮説は必要ありません」と豪語し、自著に「ある瞬間のすべての物質の力学的状態を知り計算できる知性があれば、未来をすべて予測できる」と主張しました。後世、この仮想の知性のことを「ラプラスの悪魔」と呼ぶようになりました。
現在では量子力学*2の登場により、この考え方は否定されています。

▼ ピエール・ラプラスの肖像画

（画Feytaud夫人による）

---

*1　万有引力の法則：すべての物質の間には引力が存在し、その引力の強さは数学的な関係があることを示す法則。アイザック・ニュートン（Isaac Newton 1643－1727 英）が、著書「プリンピキア」（1687）に記した。

*2　量子力学：原子や素粒子などのミクロの世界での物理現象を記述する科学。量子の物理的状態は、特定の値に決められない不確定さが存在するという不確定性原理が基本となっている。

02 太陽と均時差

　太陽は人の生活に最も密接に関係する天体です。暦や時間は、太陽の動きを最も重視して発達しました。空を見たときの太陽の動きは、太陽を公転する地球の動きに他なりません。よく知られているように、1日の中では太陽は正午頃に**南中**[*3]します。また日本では、1年の中では夏至の頃が太陽高度は最も高く、冬至の頃に最も低くなります（P8参照）。

　太陽は一定の速度で動いているように思えますが、実際には2つの要因で微妙に速度が変化しています。

　ひとつは、地球の公転軌道は、1.67％だけ芯のずれた楕円軌道であることによります。近日点付近はスピードが**速く**なり、遠日点付近では**遅く**なる、1年周期の変化です。

▼ 地球の公転は芯のずれた楕円軌道

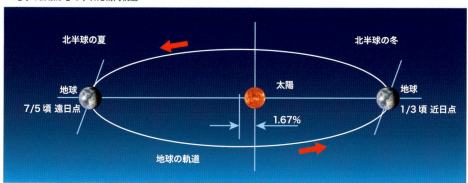

　もう一つは、地球の地軸が公転軌道に対して23.4°傾いているために起こるものです。春分・秋分前後では東への移動量が小さくなり、夏至・冬至前後では東への移動量が大きくなります。

　これらの2つの要因で、実際の太陽は速く動いたり、遅く動いたりしています。そのため、太陽が南中したときを正午とすると、1日が厳密には24時間になりません。この実際の太陽の動きを「**視太陽**」と呼びます。

　一方、私たちは、1日を24時間としています。これは太陽の速度の変動をならした平均値です。これを「**平均太陽**」といいます。私たちが日常使用している時刻は「平均太陽」によるものです。

　「平均太陽」では、太陽が南中する時刻は正午から少しずれています。その差を**均時差**といいます。均時差をグラフにしたものが均時差曲線（P66参照）です。赤線が太陽の南中する時刻の変化を表しています。

[*3] 南中：真南に来ること。天体が天頂と真南を結ぶ線上にくること（P8参照）。

▼ 均時差曲線

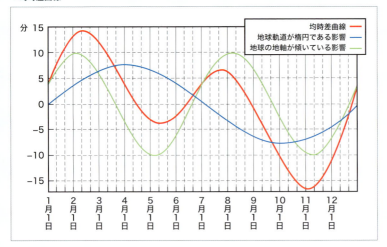

また、同じ時刻の太陽の位置を1年を通じて撮影すると、8の字型の運動をします。これを「アナレンマ」といいます。

▼ アナレンマ

撮影：東山正宜

03 月齢と朔望月

朔望月

月は約1か月で満ち欠けを繰り返します。これを朔望月といいます。厳密な定義では、黄道上で、月の黄経から太陽の黄経を引いた角度が、0°、90°、180°、270°になる瞬間を、それぞれ新月(朔)、上弦、満月(望)、下弦とします。

月齢

月齢とは、新月を0として新月の瞬間から経過した日数です。新月から次の新月までの長さ(朔望月)は29.53日です。

このため、「月齢7」前後が「上弦」、「月齢15」前後が「満月」、「月齢22」前後が「下弦」となります。月の動きは複雑で、「月齢」と「月の満ち欠け」は完全には一致せず、2日程度ずれのあることも珍しくありません。

天体観測手帳の毎週のカレンダー部は、毎日21時の月齢を記しています。

▼ 天体観測手帳での月齢

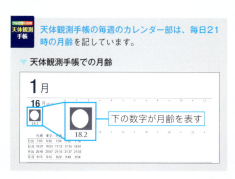

▼ 朔望月

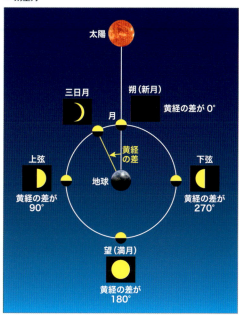

「月の満ち欠け」を基準とした旧暦(太陰太陽暦)は、新月の瞬間を含む日を「一日」とします。月齢とは定義が異なるので注意しましょう。同様に「十五夜」とは旧暦十五日の夜のことを指し、月齢14.0の瞬間を含む日となります。通常は十五夜と言えば、旧暦八月十五日を指します。

04 内惑星の動き

「外合」「内合」「東方(西方)最大離角」

地球の内側を公転する水星と金星の2惑星を内惑星といいます。内惑星と地球との位置関係は、「外合」、「内合」、「東方(西方)最大離角」という用語で表します。

「外合」とは、内惑星の軌道上で太陽を挟んだ地球と反対側の位置のことです。また、「内合」は、太陽に対して地球と同じ方向にある内惑星の軌道上の位置です。

外合・内合とも、内惑星と太陽と黄経*4が一致する瞬間で定義されます。外合の頃、内惑星と地球の距離は最も遠くなり、見かけの大きさは小さくなりますが、太陽に照らされた面を向けるために惑星面はほぼ「満月状」に見えます。内合の頃、内惑星は地球と最も接近するため、大きく見えますが、太陽に照らされない夜の側を地球に向けるために、細い「三日月状」に見えます。

「最大離角」は、図のように地球から見た太陽と内惑星の「角度が最大」になる位置を指します。東方と西方があります。

内惑星は、外合→東方最大離角→内合→西方最大離角→外合の順に繰り返します。

東方最大離角と西方最大離角を中心とする時期が観察の好期で、東方最大離角は日没後の西空、西方最大離角は明け方の東の空で観察しやすくなります。この頃には、太陽は惑星をほぼ真横から照らすために、半月状に見えます。

外合と内合の頃は太陽との離角が小さくなり、観察にあまり適しません。

▼ 内惑星の天象

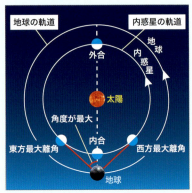

天体観測手帳では、月間カレンダー、週間カレンダー両方に、内惑星の外合、内合、東方最大離角、西方最大離角となる月日を掲載しています。

▼ 週間カレンダーの例

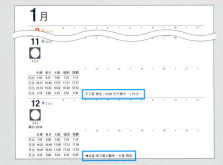

▼ 月間カレンダーの例

*4 黄経：天体の黄道座標の経度。また、黄道座標の緯度は黄緯という。

05 外惑星の動き

「合」「衝」「東矩」「西矩」

地球の外側を公転する火星、木星、土星、天王星、海王星の5惑星を外惑星といいます。外惑星と地球との位置関係は「合」、「衝」、「東矩」、「西矩」で表します。

「合」とは、外惑星の軌道上で太陽を挟んだ地球と反対側の位置で、黄経が太陽と一致する瞬間です。また、太陽との黄経の差が90°、180°、270°になる位置をそれぞれ東矩、衝、西矩といいます。

惑星は地球との位置関係において、合→西矩→衝→東矩→合を繰り返します。内惑星とは一見逆方向に見えるのは、地球の方が外惑星よりも公転速度が速く、地球が外惑星を追い抜いていくためです。

外惑星は、合の時期を除いて観察できる機会が多くなります。なかでも、衝を中心とする時期が観察の好期でほぼ一晩中観察できます。

▼ 合、衝、東矩、西矩

「順行」「逆行」「留」

惑星は公転するため、背景の星空の中を日毎に移動しています。長期的には西から東へ移動していますが、この方向を順行と呼びます。

観測者のいる地球も公転しているために、惑星の動きは複雑なものとなり、外惑星の衝の頃には見かけ上、東から西へ移動します。これを逆行と呼びます。逆行は、直進するカラスを電車に乗って追い抜くと、カラスは後ろに飛んでいくように見えるのと同じ理屈です。

順行、逆行の転ずる瞬間を留といいます。

▼ 順行、逆行、留

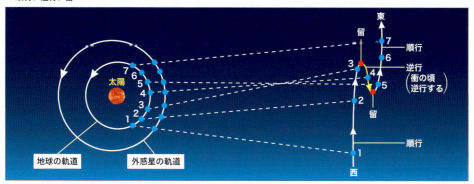

太陽系には、惑星に分類されない小惑星などの天体があります。天体観測手帳では、惑星には分類されない、冥王星と四大小惑星(ケレス、パラス、ジュノー、ベスタ)についても天象を掲載しています。これらの天象について、天体観測手帳では黄道座標を基準としています。なお、留は慣習的に赤道座標を基準としており、天体観測手帳でもそれに倣って赤道座標に基づいています。

▼天体観測手帳の週間カラー星図

▼惑星の会合周期(内合(内惑星)、衝(外惑星)の起こる周期)

惑星	軌道長半径 (天文単位)	公転周期 (年)	会合周期 (日)	自転周期 (日)	軌道離心率	視半径 (″)	赤道半径 (km)	極大等級
水星	0.3870983	0.240852	115.88	58.646	0.2056349	5.48	2440	−2.50
金星	0.7233298	0.615210	583.92	243.02	0.0067645	30.16	6052	−4.89
地球	1.0000010	1.000039	—	0.9973	0.0167021	—	6378	
火星	1.5236793	1.880888	779.94	1.0260	0.0934146	8.93	3396	−2.88
木星	5.2026032	11.86224	398.88	0.4135	0.0485201	23.42	71492	−2.94
土星	9.5549093	29.45778	378.09	0.4440	0.0554548	9.67	60268	−0.49
天王星	19.2184461	84.02225	369.66	0.7183	0.0462917	1.92	25559	5.31
海王星	30.1103869	164.7735	367.49	0.6713	0.0089891	1.15	24764	7.80

※視半径は平均の衝または内合の時の値

▼主な準惑星と小惑星の会合周期(内合(内惑星)、衝(外惑星)の起こる周期)

	名称	軌道長半径 (天文単位)	公転周期 (年)	会合周期 (日)	自転周期 (日)	軌道離心率	半径 (km)	極大等級
準惑星	ケレス (1)Ceres	2.97675	4.60	466.7	0.3781	0.0756827	476	6.8
小惑星	パラス (2)Pallas	2.77160	4.61	466.4	0.3256	0.2312736	273	7.6
	ジュノー (3)Juno	2.67070	4.36	474.0	0.3004	0.2554482	117	8.6
	ベスタ (4)Vesta	2.36179	3.63	504.1	0.2226	0.0887401	265	5.7
準惑星	冥王星	39.44506	247.74	366.7	6.3872	0.2502487	※1185	15.1

※2015年7月 冥王星探査機ニューホライズンズ(NASA)による測定値

06 衛星の動き

木星の衛星、土星の衛星

　木星や土星には衛星があります。木星の四大衛星（イオ、エウロパ、ガニメデ、カリスト）は小口径の望遠鏡でも十分に観察できます。一方、土星の衛星は木星の四大衛星に比べるとかなり暗いですが、シーイングの良否や望遠鏡の口径によっては、数多い衛星を観察できる可能性があります。

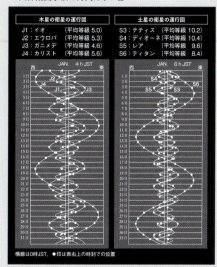

天体観測手帳の月間カラー部

　天体観測手帳の月間部には、木星の四大衛星（イオ、エウロパ、ガニメデ、カリスト）と、比較的観察しやすい土星の4衛星（テティス、ディオネ、レア、ティタン）について、惑星本体に対する毎日の位置をチャート化して示しています。
　右図はある月の木星と土星の衛星の動きです。横軸は毎日0時を示します。中央の縦線は木星や土星を表します。
　曲線の中のドットは、国内において木星・土星を観察しやすい時刻です。この図の例では、木星が4時、土星が6時を示しています（表の上に「JAN 4h JST」など記載）。

▼ 主な衛星のデータ

番号	衛星の名称	軌道長半径 （万km）	公転周期 （日）	軌道離心率	半径 （km）	平均等級
地球						
ー	月	38.44	27.3217	0.05490	1738	−12.7
火星						
M1	フォボス	0.9378	0.319	0.015	13.5×10.7×9.6	11.3
M2	デイモス	2.3459	1.263	0.00052	7.5×6.0×5.5	12.4
木星						
J5	アマルテア	18.13	0.4981	0.003	135×82×75	14.1
J1	イオ	42.18	1.769	0.0041	1815	5.0
J2	エウロパ	67.11	3.551	0.0101	1569	5.3
J3	ガニメデ	107.04	7.155	0.0006	2631	4.6
J4	カリスト	188.27	16.689	0.007	2400	5.6

番号	衛星の名称	軌道長半径（万km）	公転周期（日）	軌道離心率	半径（km）	平均等級
J6	ヒマリア	1146.10	250.6	0.162	85	14.2
土星						
S10	ヤヌス	15.147	0.695	0.007	110×95×80	14.4
S1	ミマス	18.552	0.942	0.021	197	12.8
S2	エンケラドゥス	23.802	1.370	0.000	251	11.8
S3	テティス	29.466	1.888	0.000	524	10.2
S4	ディオーネ	37.740	2.737	0.000	559	10.4
S5	レア	52.704	4.518	0.001	764	9.6
S6	ティタン	122.185	15.945	0.029	2575	8.4
S7	ヒペリオン	148.11	21.277	0.018	175×120×100	14.4
天王星						
U1	エアリエル	19.124	2.520	0.001	580	13.7
U2	ウンブリエル	26.597	4.144	0.004	585	14.5
U3	ティタニア	43.584	8.706	0.001	790	13.5
U4	オベロン	58.260	13.463	0.001	760	13.7
海王星						
N1	トリトン	35.48	5.877	0.000	1350	13.5

木星を取り巻く愛人たち

木星は英語でジュピター（Jupiter）で、ギリシャ神話では最高神ゼウスです。中世の天文学者ガリレオは木星を周回する4つの衛星を発見し、これらはイオ、エウロパ、ガニメデ、カリストと命名されています。西洋人一流のユーモアか、これらの名は、神話に登場するゼウスの愛人たちです。命名者は、ガリレオと衛星の第一発見者の栄誉を争ったシモン・マリウスです。

▼ゼウス像

海神ポセイドンの説もある。
（アテネ国立考古博物館）

07 いろいろな暦

　1年の長さを正確に知ることは、古代の文明にとって最も重要な知識のひとつでした。エジプト、メソポタミア、中国、ギリシャ、マヤなど、地域は違っても、彼らは丹念な天体の観測によって、現代にも通用するほど正確に1年の長さを把握していたことがわかっています。暦は、時の為政者の権力とも結びつきながら発達しました。また、天文学の出発点も暦の開発でした。

太陽暦・太陰暦・太陰太陽暦

　現在、全世界で標準的に用いられている暦は、正式には「グレゴリオ暦」といい、ヨーロッパで制定されました。1583年10月に、当時のローマ法王グレゴリオ13世により制定されたものです。グレゴリオ暦の規則は次の通りです。

- 平年は365日
- 西暦年号が4で割り切れる年は、うるう年とし、一年は366日
- 西暦が100で割り切れる年は平年とするが、400で割り切れる年はうるう年とする

　グレゴリオ暦の特徴は、以上のように簡単な規則であるにもかかわらず高い精度を持っていることで、現代天文学による1年との誤差は3000年に1日です。グレゴリオ暦が制定されてから、現在400年を経過したところですから、まだ当分の間はこの規則に手を加える必要はないでしょう。

　それでは、グレゴリオ暦以前の暦はどうだったのでしょうか。ヨーロッパでは紀元前45年に共和制ローマの指導者ユリウス・カエサルによるユリウス暦が使われるようになりました。ユリウス暦はうるう年がなく、一年を365年とするものです。

　ユリウス暦やグレゴリオ暦など、太陽の運行をもとにした暦を「太陽暦」といいます。

　それ以前の古代は、例外の地域はあるものの、多くの地域で月の満ち欠けを土台にした暦を使っていました。月は、最も見かけの動きの早い天体で、日月の進行を測ることに適していたからです。月の新月から次の新月までの時間の長さを「月」と呼ぶのはその名残です。英語でも「Month」は「Moon（月）」を元とする単語です。このように、月の満ち欠けを基準とする暦を「太陰暦」と呼びます。

　太陰暦による1か月の長さは、29.53日ですので、これを12か月としても354.37日ですから、正確な1年に対して11日も不足します。このため、1年を13か月とすることを時々含み、季節のずれを調整する暦も作られました。これを「太陰太陽暦」といいます。太陰太陽暦で、1年の調整のために挿入される月のことを「うるう月」といいます。

　日本では永らく太陰太陽暦が採用されてきましたが、1873年（明治6年）にグレゴリオ暦に移行しました。

　明治6年の改暦以前に用いられていた「旧暦」の正式な名称は「天保暦」という暦です。天保暦も太陰太陽暦の一種です。旧暦では新月の日を毎月の1日（朔日）とします。

3　天体の動きと暦

▼ **天保暦書**(国立天文台)

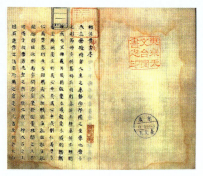

旧暦が破たんしてしまう!?

私たちが旧暦と呼んでいる暦の正式名称は「天保暦」です。天保暦は、太陰太陽暦の一つです。天保暦に限らず、太陰太陽暦は太陽の運行と月の運行をうまく組み合わせながら作っている暦であるために、そのルールが複雑になっています。天保暦の細かいルールについてはここでは触れませんが、2033年は天保暦の定めるルール通りに月と二十四節気の中気[*5]を配分できない事態が発生してしまうのです。これは、1844年に天保暦が採用されて以来初めてのことです。現在、旧暦を管轄する機関は存在しませんが、この問題について、すでに識者による検討会が発足しています。

■ 二十四節気・雑節

月の満ち欠けから作られる太陰太陽暦は、半月程度のずれは普通です。これでは、日付と季節のずれが大きく、農業をはじめ、季節が重要な場面では使いにくい暦といえます。

二十四節気は、月の満ち欠けに関係なく、太陽を基準として季節の進行の目印としたものです。古代中国で考案されたものが、現代でも季節感を表す言葉として愛されています。

また雑節は、二十四節気を補う季節の目印です。これらの言葉は暦をより味わい深いものにしてくれています。

二十四節気と雑節は、現在の日本では、国立天文台が計算し発表しています。

▼ 二十四節気一覧

季節	二十四節気	読み方	月	太陽黄経[*6]	現代暦	節気名の意味
春	立春	りっしゅん	正月節	315°	2月4日頃	寒さも峠を越え、春の気配が感じられる。
	雨水	うすい	正月中	330°	2月19日頃	陽気がよくなり、雪や氷が溶けて水になり、雪が雨に変わる。
	啓蟄	けいちつ	二月節	345°	3月6日頃	冬ごもりしていた地中の虫がはい出てくる。
	春分	しゅんぶん	二月中	0°	3月20日頃	太陽が真東から昇って真西に沈み、昼夜がほぼ等しくなる。
	清明	せいめい	三月節	15°	4月5日頃	すべてのものが生き生きとして、清らかに見える。
	穀雨	こくう	三月中	30°	4月20日頃	穀物をうるおす春雨が降る。

[*5] 中気:二十四節気のうち、雨水、春分、穀雨、小満、夏至、大暑、処暑、秋分、霜降、小雪、冬至、大寒の12節気。天保暦では月と中気の決め方を定めている。

[*6] 太陽黄経:太陽の黄道座標上の経度(黄経)

季節	二十四節気	読み方	月	太陽黄経*6	現代暦	節気名の意味
夏	立夏	りっか	四月節	45°	5月6日頃	夏の気配が感じられる。
	小満	しょうまん	四月中	60°	5月21日頃	すべてのものがしだいにのびて天地に満ち始める。
	芒種	ぼうしゅ	五月節	75°	6月6日頃	稲や麦などの(芒のある穀物を植える。
	夏至	げし	五月中	90°	6月21日頃	昼の長さが最も長くなる。
	小暑	しょうしょ	六月節	105°	7月7日頃	暑気に入り梅雨のあけるころ。
	大暑	たいしょ	六月中	120°	7月23日頃	夏の暑さが最も極まるころ。
秋	立秋	りっしゅう	七月節	135°	8月7日頃	秋の気配が感じられる。
	処暑	しょしょ	七月中	150°	8月23日頃	暑さがおさまるころ。
	白露	はくろ	八月節	165°	9月8日頃	しらつゆが草に宿る。
	秋分	しゅうぶん	八月中	180°	9月23日頃	秋の彼岸の中日、昼夜がほぼ等しくなる。
	寒露	かんろ	九月節	195°	10月8日頃	秋が深まり野草に冷たい露がむすぶ。
	霜降	そうこう	九月中	210°	10月23日頃	霜が降りるころ。
冬	立冬	りっとう	十月節	225°	11月7日頃	冬の気配が感じられる。
	小雪	しょうせつ	十月中	240°	11月22日頃	寒くなって雨が雪になる。
	大雪	たいせつ	十一月節	255°	12月7日頃	雪がいよいよ降りつもってくる。
	冬至	とうじ	十一月中	270°	12月22日頃	昼が一年中で一番短くなる。
	小寒	しょうかん	十二月節	285°	1月5日頃	寒の入りで、寒気がましてくる。
	大寒	だいかん	十二月中	300°	1月20日頃	冷気が極まって、最も寒さがつのる。

▼雑節一覧

雑節	読み方	太陽黄経	現代暦	説明
土用	どよう	297° 27° 117° 207°	1月17日頃 4月17日頃 7月20日頃 10月20日頃	太陰太陽暦では立春、立夏、立秋、立冬の前18日間を指した。最近では夏の土用だけを指すことが多い。
節分	せつぶん	−	2月3日頃	季節の分かれめのことで、もとは四季にあった。立春の前日。
彼岸	ひがん	−	3月17日頃 9月20日頃	春分と秋分の前後の3日ずつの計7日のこと。初日を彼岸の入り、当日を中日(ちゅうにち)、終日を明けと呼ぶ。
八十八夜	はちじゅうはちや	−	5月2日頃	立春から数えて88日目をいう。霜が降りることが少なくなる頃。
入梅	にゅうばい	80°	6月11日頃	太陰太陽暦では芒種の後の壬(みずのえ)の日。つゆの雨が降り始める頃。
半夏生	はんげしょう	100°	7月2日頃	太陰太陽暦では夏至より10日後とされていた。
二百十日	にひゃくとおか	−	9月1日頃	立春から数えて、210日目の日。

二十四節気を補う季節の移り変わりの目安として、雑節(ざっせつ)がある。土用、彼岸は入りの日付を示す。

国立天文台 暦計算室 Webサイトより
http://eco.mtk.nao.ac.jp/koyomi/faq/24sekki.html

▌旧正月

　旧正月は旧暦の1月1日を祝う行事です。日本ではこれを祝う風習は少なくなってきていますが、中国を中心とする東アジアの国々では、「春節」として最も重要な祝祭日のひとつとされています。日付の決め方は、「雨水の直前の新月」です。雨水は二十四節気のひとつで、「雪が雨に変わる頃」とされ、グレゴリオ暦の2月19日頃です。旧正月は朔望月の新月ですから太陽暦とは一致せず、1月21日頃から2月20日頃の間で毎年変わります。

▼横浜中華街の春節の提灯

▌七夕

　七夕の主役、織姫星(ベガ)、彦星(アルタイル)が高くなる夏。七夕は地域によって、7月7日、8月7日(月遅れ)、旧暦の7月7日に祭るパターンがあります。中国から奈良時代に伝わった行事とされています。日本各地の七夕のほとんどは、太陽暦採用以降7月7日か8月7日(月遅れ)に祝うことが主流ですが、本家の中国では旧暦7月7日です。日本でも旧暦7月7日の七夕を「伝統的七夕」と呼んで、国立天文台でも広く報じています。旧暦は月の満ち欠けによる暦ですからこの日は、必ず月齢6の頃となり、上弦前の月が天の川の渡し船に見立てられました。月は夜半前には沈むので、天の川はその後一層美しく楽しめます。

　8月7日(月遅れ)に七夕を祝うケースがあるのは、伝統的七夕に季節が近いことから生まれたものです。元来、七夕はお盆との結びつきが強かった行事だったのです。あなたの地域ではいつ七夕を祝っていますか？

フォーマルハウトで出会う織姫と牽牛

七夕伝説では、織姫と牽牛は年に一回会うことができるそうですが、実際の星空では、織姫星(ベガ)と牽牛星(アルタイル)はいつも同じ距離で近づくことはありません。でも、これは太陽系でのお話。秋の1等星フォーマルハウトから見た織姫星と牽牛星はちゃんと仲むつまじく寄り添っています。天の川を超えて来たのは牽牛星で、地球から見たときの4分の1まで近づきます。なお、近くに太陽も顔を見せていますが、とても暗く4等星にしかなりません。

▼ 日本の主な七夕行事（2016年現在）

7月7日頃に行う地域
八戸七夕まつり（青森県八戸市）／海の日までの金曜日～月曜日
前橋七夕まつり（群馬県前橋市）／7月第1月曜日の3日後から4日間
湘南ひらつか七夕まつり（神奈川県平塚市）／7月第1金曜日～日曜日
清水七夕まつり（静岡県市静岡市清水区）／7月第1土曜日～日曜日

7月末に行う地域
茂原七夕まつり（千葉県茂原市）／7月最終金曜日～日曜日
一宮七夕まつり（愛知県一宮市）／7月最終木曜日～日曜日

8月7日頃に行う地域
仙台七夕まつり（宮城県仙台市）／8月6～8日
平七夕まつり（福島県いわき市）／8月6～8日
桐生八木節まつり（群馬県桐生市）／8月第1金曜日～日曜日
入間川七夕まつり（埼玉県狭山市）／8月第1土曜日～日曜日
阿佐谷七夕まつり（東京都杉並区阿佐谷）／8月7日と土曜日を含む5日間
安城七夕まつり（愛知県安城市）／8月第1土曜日～日曜日
大分七夕まつり（大分県大分市）／8月第1土曜日～日曜日

▼ 仙台七夕まつり

仙台七夕まつり（宮城県仙台市）は、湘南ひらつか七夕まつり（神奈川県平塚市）と並んで日本最大の七夕行事。毎年8月6～8日に開催される、いわゆる月遅れの七夕。写真は「仙台七夕協賛会」のWebサイトより。

中秋の名月

中秋の名月は、旧暦8月15日の月を指します。旧暦では、7月、8月、9月の3か月を秋としており、その中央となるので、これを「中秋」と呼びました。この日の月をめでる風習は中国の唐時代と考えられていますが、はっきりしたことはわかっていません。中国では「中秋節」として年間でも最も重要な祝祭日のひとつです。同様の風習は、中国や日本だけでなく、韓国や東南アジアでも見られます。

日本では平安時代初期の「竹取物語」には観月の場面があり、すでにお月見の風習が伝わっていたことが伺えます。中秋の名月は「芋名月」ともいい、里芋の収穫を祝う祭りが起源と考えられています。

中秋の名月は必ずしも満月となりません。十五夜とは、新月を月の初日（朔日＊7）として十五日目の宵の月を指します。ところが、朔望月の周期は29.5と端数があることと、また、月の軌道は楕円で公転速度が一定ではないために、新月から満月の瞬間の日数は、13日21時間から15日15時間の間で毎年変動しています。

▼ 最近の中秋の名月と満月の関係

西暦年	中秋の名月	満月
2012年	9月30日	9月30日
2013年	9月19日	9月19日
2014年	9月 8日	9月 9日
2015年	9月27日	9月28日
2016年	9月15日	9月17日
2017年	10月 4日	10月 6日
2018年	9月24日	9月25日
2019年	9月13日	9月14日
2020年	10月 1日	10月 2日
2021年	9月21日	9月21日
2022年	9月10日	9月10日
2023年	9月29日	9月29日
2024年	9月17日	9月18日
2025年	10月 6日	10月 7日
2026年	9月25日	9月27日
2027年	9月15日	9月16日
2028年	10月 3日	10月 4日
2029年	9月22日	10月23日
2030年	9月12日	10月12日

▼ 中秋の名月

▼ 中秋の名月お供え

満月に見える模様は、古くから世界各地でさまざまに見立てられてきました。日本では「モチをつくうさぎ」とされてきたことはよく知られています。「かに」（南ヨーロッパ、中国など）、「女性の顔」（東ヨーロッパ、北アメリカなど）、「吠えるライオン」（アラビアなど）も国民性や歴史を背景としていて面白いものです。秋の夜長に見比べてみてはいかがでしょう。

十五夜の綱引

鹿児島県薩摩川内市には400年以上の歴史のある「川内大綱引」の行事があります。現在では秋分の日の前夜に催されていますが、これは最近のことで、かつては「十五夜」の宵に行われていました。このため、「十五夜の綱引」とも言われ市民から愛されています。月の明りを照明として行われた行事だったのです。

＊7 朔日は、「月が立つ日」から転じた言葉。

Chapter

4

主な天文現象

悠久の星空にも、時折ハッとするような変化に出会うチャンスがあります。いわゆる天文現象です。本章では、彗星、流星、日食、月食、星食、変光星などの天文現象について、メカニズム、予報の読み方、観察の方法等について解説します。

01 彗星

彗星はほうき星ともいい、夜空に突然現れて尾を引くぼんやりとした天体です。私たちが夜空に見る天体の中でも、特に神秘的で心を引き付けられるものでしょう。古代では多くの地域で不吉な前兆としてとらえられ、政治的な理由から観測されてきました。現在ではそれが迷信であることを知っていますが、ひと目その光景を見ると、当時の人々が畏怖したこともうなずけることでしょう。

肉眼でも大きく尾を引く姿を見せる彗星は10年に一度程度しか出現しませんが、望遠鏡で楽しむことのできる彗星は毎年のように見られます。

彗星とは

彗星の本体は、よく「汚れた雪だるま」と説明されます。大量のチリや埃が混ざった氷を主成分とする壊れやすい天体です。直径が数キロメートルしかなく、遠方にあるときには観測できませんが、太陽に接近した時に大きく変化し、その日によって姿が変わります。

彗星は大きく分けて「コマ」と「尾」からできています。コマの中心の核が彗星の本体で、そこからガスやチリが吹き出しています。尾にはイオン(ガス)とチリの尾の二種類があり、太陽と反対方向に伸びています。コマは太陽光をよく反射し、その広がりは地球の数十倍にもなります。

▼ 彗星の構造

ヘールボップ彗星(1997年)。イオンとチリの尾が明瞭に分かれている。彗星によって片方の尾が顕著な場合もある(著者撮影)。

彗星の種類

彗星は大きく周期彗星と非周期彗星に分類されます。周期彗星は定期的に太陽に帰ってくる彗星で、「ハレー彗星」はその代表です。周期彗星はさらにその期間で分類されます。200年以上かけて帰ってくるものを長周期彗星、200年未満のものを短周期彗星と呼びます。有名なハレー彗星の周期は約76年なので、短周期彗星の仲間です。短周期彗星は、単に「周期彗星」とも呼ばれることもあります。

ヘール・ボップ彗星は長周期彗星の例で、

▼ アイソン彗星(C/2012 S1)

極めて遠方の木星の軌道付近で発見され、2013年末に大彗星になると期待されたが、太陽接近時に崩壊してしまった(2013年11月16日 著者撮影)。

2534年の周期になります。

非周期彗星は、太陽系の果てからやってきて、二度と戻ってこない彗星です。近年では、アイソン彗星が代表的な例です。長周期彗星と非周期彗星をひっくるめて長周期彗星と呼ぶこともあります。

彗星の観察

彗星の予報には次の点に注意する必要があります。また、彗星は未知の天体が新発見されわずか数か月で大彗星に成長することがありますので、インターネット上の情報にも注意する必要があります。

天体観測手帳でも、一般の愛好家が観察しやすい彗星について解説しています。

彗星予報のチェックポイント

位置予報
彗星の位置予報はかなり正確です。移動が速い彗星の場合には、月日だけではなく、時刻のチェックも行いましょう。

光度の予報
彗星の明るさは、「全光度」と「核光度」の2種がありますが、一般的に予報されるものは「全光度」です。全光度は、「コマ全体の明るさ」を恒星と比較した数値です。彗星の場合、ぼやっとした面積があるために、公表される等級は目視の実感よりも1~3等級暗く感じるので注意しましょう。また、周期彗星の予報はおおむね正確ですが、長周期彗星、非周期彗星の光度予報は難しく、2等級以上の誤差があることも珍しくありません。

天体観測手帳では、21時の予報を掲載しています。

彗星が明るくなる要因として、「太陽に接近して彗星そのものが成長する」ことと、「地球に接近して見かけの明るさが増す」ことがあげられます。太陽に接近して明るくなる彗星の多くは、太陽からの離角が小さく、「夕方の西空」か「明け方の東の空」での観察となり、薄明の障害によって見づらくなることも考慮しましょう。

一般的な彗星においても、ぼんやりとした天体であることから、空の暗いところでの観察がお勧めで、月夜は観察しづらくなります。彗星は、眼視的には明瞭でなくても、面積のある天体なので写真にはよく写ります。ぜひチャレンジしてみたいものです。

彗星の登録番号

周期彗星は、登録順に「1P、2P、3P…」と番号が付けられます。そのため、彗星には「ハレー彗星」のような固有名のほかに、「1P」といった登録番号があります。「P」は、「周期的

(Periodic)」の意味です。長周期彗星と非周期彗星には、登録番号の代わりに仮符号が常用されます。百武彗星の仮符号は「C/1996B2」です。「C」は「彗星(comet)」、「1996B2」は発見の年月と順番を意味します。百武彗星の例では「1996年1月後半の2番目の新彗星」となります。

近年の大彗星

●1976年　ウエスト彗星(C/1975 V1)

ヨーロッパ南天天文台のウエスト氏により発見されました。1976年3月には、明け方の東の空に美しい尾を引くほうき星として日本からも観察できました。この頃にはちょうど夏の天の川付近にあり、尾は扇型に開き、20世紀で最も美しい彗星のひとつとも呼ばれています。

▼ ウエスト彗星

撮影：外山保広(千葉県市川市)／1976年3月14日

●1986年　ハレー彗星(1P)

ハレー彗星は最も有名な彗星です。約76年の周期で地球に接近する軌道を持っており、そのたびに古くから世界各地の文献に記録されています。1986年は最も近年の回帰で、残念ながら、この年の回帰は彗星と地球との位置関係はよくありませんでしたが、多くの市民が注目し世界的な社会現象となりました。

ハレー彗星の名前は、この彗星を研究した天文学者 エドモンド・ハレー(Edmond Halley 1656-1742 英)に由来しています。

▼ 1986年に回帰したハレー彗星

撮影：著者／1986年3月24日

●1996年　百武彗星(C/1996 B2)

鹿児島県霧島市の百武裕司氏により発見され、わずか2か月で近年まれにみる大彗星に成長しました。1996年3月には地球に大接近し、まさに「ほうきぼし」の名にふさわしく夜空に長大な尾を引きました。その見かけの尾の長さは80度にも達し、実際の長さも太陽-地球間の3.6倍となり有史以来最長を記録しました。

▼ 百武彗星。イオンの尾が長大な大彗星に成長した

撮影：著者／1996年3月26日

● 1997年　ヘールボップ彗星（C/1995 O1）

　二人の米国人、ヘール氏とボップ氏により独立に発見されました。前述の百武彗星よりも半年も前に発見されており、発見当初から確実な大彗星になるとの期待が持たれていました。結果的に百武彗星と2年続けての見事な彗星の出現となりました。実際の大きさ（彗星の核）が過去に観測された彗星の中では最大級（直径約50km）という巨大彗星で、1997年の春を中心として1年6か月もの長期間 肉眼で観測することができました。

▼ ヘールボップ彗星と黄道光

撮影：著者／1997年4月6日

● 2007年　ホームズ彗星（17P）

　わずか7年の周期の軌道を持つ短周期彗星です。100年以上も前の1892年 ホームズ（英国）により発見された小天体です。回帰してもほとんど注目されることのない小彗星ですが、2007年10月 突然 17等から2等まで約40万倍も明るくなり世界中の天文家を驚かせました。彗星らしい尾も見られず、摩訶不思議な天体として注目されました。

▼ ホームズ彗星の急激な増光

撮影：著者／2007年10月

● 2007年　マックノート彗星（C/2006 P1）

　マックノート氏（オーストラリア）により発見され、2007年1月には、金星よりも明るい−5等級まで増光し歴史に残る見事な大彗星となりました。ただし、残念なことに夜間の日本から観測することは難しく、その雄姿を捉えられたのは南半球からでした。

　桁外れに明るくなったために、日本では、白昼に双眼鏡でその姿を見ることができましたが、このような事例は他に聞いたことがありません。

▼ 南半球で大彗星となったマックノート彗星

撮影：ロバート・マックノート（Siding Spring 天文台）／2007年1月19日）

> 「彗星のように現れる」
>
> 「彗星のように現れる」は、何の前触れもなく突然出現する彗星を比喩した慣用句です。ところが近年では観測技術が進んだために、まだ遠くにあって非常に暗い彗星でも発見されるようになってきました。例えば、ヘールボップ彗星（C/1995 O1）は明るくなる2年前に発見されています。一方で、百武彗星（C/1996 B2）は1996年1月に発見されましたが、わずか2か月後に大彗星となりました。ホームズ彗星（17P）は周期彗星で軌道も確定していますが、2007年10月突然明るくなりました。「彗星のように現れる」は現代でも当てはまるのでしょう。

4　主な天文現象

02 流星と流星群

　流星は大人から子どもまで最も人気のある天文現象のひとつです。活動的な流星群の頃には各地で観察会も開かれます。ここでは、流星と流星群について解説しましょう。

流星とは

　夜空に突然現れて、あっという間に消えていく流星。明るいもの、やっと見えるもの、速いもの、ゆっくりと流れるものといろいろなものがあります。

　流星の正体は何でしょう？　実は、ミリメートルサイズの塵が高速で大気に突入して発光したものです。発光する高度は100km前後。地球の大気中の現象です。

　流星のもとの物質（流星物質）は、彗星や小惑星から放出されたものです。長い時間太陽系空間を公転してきたものが、あるとき偶然地球に衝突し、大気中で溶発して消滅する最期の瞬間に美しい発光現象を見せてくれるのです。

　では、流星物質はどのようにして彗星や小惑星から放出されるのでしょうか？　彗星は「汚れた雪玉」にたとえられます。これが太陽に接近すると「雪」が揮発して吹き出す際に「汚れ（塵）」も一緒に吹き出します。塵の中にはミリメートルサイズのものがあり、これが流星物質となります。なお、彗星には「イオンの尾」と「ダストの尾」があります。「ダストの尾」を形成するのはマイクロメートルサイズの小さな塵です。小さすぎるために、地球大気に突入しても発光することはありません。

　一方、小惑星から流星物質が放出されるのは、何かが小惑星に衝突したときです。天体同士の衝突はあまり頻繁に起きませんが、小惑星は非常にたくさんあるので、小天体が衝突することがあります。その際に破片が飛び散り、流星物質となるのです。この破片が大きい場合、大気中で溶発しきれず、隕石として地上に落下することがあります。

▼ 流星の発光する高度

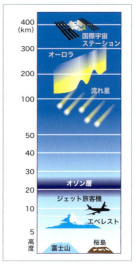

流星の発光する高度は100kmほどの上空。国際宇宙ステーションから見ると見おろす高さになる。

▼ チュリモフ-ゲラシメンコ彗星（67P）から放出されるダスト（塵）

©NACA/ESA

流星群の形成

彗星から放出された流星物質は、その場に取り残されるのではなく、彗星本体とともに太陽系空間を公転していきます。しかし、彗星本体から飛び出した初速度のため、彗星本体とほんの少しだけ違う軌道を描いています。彗星本体から少しずつ前後に離れ、何公転もするうちに彗星の軌道付近に細長く分布するようになります。

彗星はたくさんあるので、彗星軌道が地球軌道に非常に接近しているものもあります。その場合、彗星軌道付近の塵の多い中に地球が突っ込んでいき、流星がたくさん見られることになります。これが流星群です。もとになっている彗星を母彗星と呼んでいます。

地球は、太陽の周りを1年に1周するので、毎年同じ時期に塵の帯に突入して、流星群を見ることができるわけです。

なお、母彗星の軌道が変わってしまったり、母彗星が彗星活動をしなくなると、流星物質の供給が止まります。そして長い年月が経つと、流星物質も惑星の引力(摂動)で徐々に拡散していき、やがて流星群として認識できなくなります。これらが散在流星となるのです。

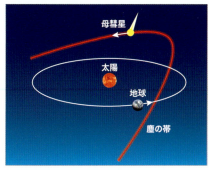

▼ 母彗星と流星群

流星群の見え方

流星群の流星物質は、太陽系内をほぼ同じ軌道で一緒に公転しているため、地球の大気にも「ほぼ平行に」突入してきます。地上から見ると、天球上の1点から離れていくように流れて見えます。この天球上の1点を輻射点または放射点と呼びます。

図を見てわかるように、流星は放射点の方向から地球大気に突入してきます。

▼ 流星群の放射点と流星の見え方

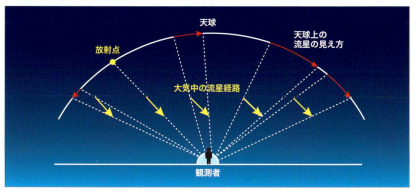

ペルセウス座流星群やふたご座流星群のように、流星群の名称には基本的に星座名が付いていますが、これはその流星群の放射点が存在している星座名です。

流星は東西南北どの方位にも、同じ確率で出現します。ある観測地から見て、例えば北の上空にばかり流星物質が飛び込んでくる、なんてことはあり得ません。したがって、流星を見るためにはどの方向を見てもかまいません。ただし、放射点の近くでは流星が短く見え、放射点から離れた方向では長く見えます。
　流星観測をする場合には、「群」の判定をするために放射点が見える方向を見ますが、流星を見て楽しむだけなら、放射点から離れた方向を見ていた方が楽しいかもしれません。

▼2001年しし座流星群の放射点付近

撮影：著者

ZHR、HRとは

　HRとはHourly Rateの頭文字で、「1時間あたり1人何個の流星が見えたか」を示すものです。例えば、2時間で40個見えれば、HR＝20、30分で10個見えてもHR＝20となります。しかし、流星がどのくらいたくさん見えるかというのは、さまざまな条件によって変わってきます。例えば、星があまり見えない市街地や満月の照らす夜空では流星もあまり見えませんが、天の川が立派に見えるような夜空なら流星も多く見えます。
　主な流星群の一覧表（P94）には「極大ZHR」という欄があります。「ZHR」とは流星群の活動状況、つまり「理想的な観測条件下では1人あたり1時間当たりこれくらいの流星数が見える」という値を求めています。では、理想的な観測条件とはどのようなものでしょう。それは、「6.5等星まで見え、雲などの視野を遮るものがなく、放射点が天頂にあるとき」です。なお、ZHRのZはZenithal（天頂の）の頭文字を表しています。例えば、ふたご座流星群の極大ZHRは「120」程度ですが、これは理想的な条件下での流星数ですから、通常は市街地では10分の1、ちょっと空のきれいなところで半分程度です。
　放射点高度と流星数の関係を確認しましょう。先ほども書いたように、流星は放射点方向から地球にほぼ平行に突入してきます。次図は放射点高度が高い時と低い場合の様子を示しています。流星の間隔は等しい、すなわち地球に飛び込む前の流星物質の個数密度は等しいケースです。放射点高度が高い場合に流星がたくさん出現することがわかります。これは、太陽高度が高くなる夏の日差しが強いのと同じ理屈です。

▼放射点が高いとき

▼放射点が低いとき

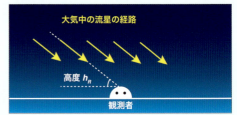

放射点高度をh_Rで表すと、出現流星数はだいたい$\sin h_R$に比例します。放射点高度30°で天頂時の5割程度、高度45°で天頂時の7割程度の出現数となります。
　放射点が地平線上に出てきていない時間帯には、流星群の流星は出現しません。例えば、しし座流星群の放射点は、東日本では23時頃に東の地平線から出てくるので、夕方にはしし座流星群の流星は出現しません。
　例えば、ペルセウス座流星群では、夜明けが近づくにつれて放射点が高く上り流星数もそれに伴って増加します。したがって、ペルセウス座流星群を見るなら明け方が良いでしょう。しかし、放射点高度が低い時には流星の経路が長くなります。宵の薄明が終わる頃、放射点は低いながらも北東の空に出てきています。この時間帯では、流星数はまだ多くありませんが、長経路の迫力ある群流星を見ることができます。これもぜひ楽しんでください。

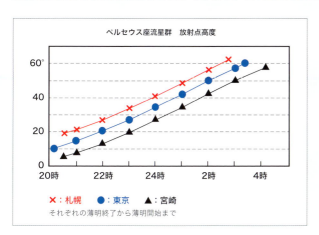

ダストトレイルと流星の大出現

　彗星から放出された流星物質（ダスト）は、まず細長く分布します。これを「ダストトレイル」と呼んでいます。彗星から放出されて数公転しかしていない場合には、流星物質があまり拡散していません。そのようなところに地球が運良く突っ込んでいくと、2001年のしし座流星群のように、流星の大出現が見られることになります。
　しかし、ダストトレイルは細いので、地球がこの中に突っ込むことは多くはありませんし、突入しても短時間（1時間前後）で通り抜けてしまいます。したがって、そのときに夜間で放射点が地平線上にある「限られた地域」だけしか、ダストトレイルによる流星の大出現を見ることができません。
　ダストトレイルは母彗星が太陽に近づくたびに1本形成されます。そのため1つの母彗星には何本ものダストトレイルが存在します。そして、ダストトレイルの位置は、惑星の引力で少しずつ変化するため、毎年遭遇することにはなりません。
　また、ダストトレイルによって、ダスト（流星物質）の個数密度が異なります。そのため、ダストトレイルと遭遇したとき、大出現になる場合と、ほんのわずかな出現にとどまる場合があります。

▼ 2001年しし座流星群のダストトレイルと地球の軌道の位置関係

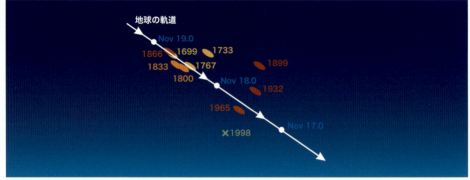

1699年、1866年にテンペル・タットル彗星から放出されたダストトレイルの中を地球が通り抜けているときに、日本で大流星雨が観測された。アーマー天文台(英国)のデビッド・アッシャーによる予報図。

　ダストトレイルの位置の計算精度は高く、出現のピーク時刻は5〜10分程度の精度で計算できることが多いです。ただし、出現数の予測は難しく、予報者によってだいぶ異なることが珍しくありません。マスコミ報道等では、出現数の多い予測を大きく取り上げることが多く、「うまくいけばそのくらい出現するかもしれない」くらいに考えた方がよいでしょう。

主な流星群[*1]

● しぶんぎ座流星群

> 活動期間 12月28日〜1月12日／極大[*2] 1月3〜4日頃(太陽黄経[*3] 283.16°)／ZHR 120／対地速度 41km/秒

　3大流星群の1つで、年初に多くの流星を出現させます。放射点はうしかい座とりゅう座の境界付近にあります。このあたりには過去に「壁面しぶんぎ座」という星座が設置されていたことがあり、その名残で今でも「しぶんぎ座流星群」と呼ばれています。放射点が高くなる夜明け前に多くの流星が見られます。また、数は少ないものの、0時頃までは放射点が低いため、長経路の流星を楽しめます。

　ただし、活発な出現は長続きしません。極大から半日ずれると4分の1程度まで減ってしまいます。そのため、極大が昼間の午後にあたる年だと、見られる流星が少なくなります。

　さらに、極大時の出現数も年によって変動します。3大流星群にふさわしいZHR120〜150ほど出現する活発な年と、ZHR40〜70程度で終わってしまう年があります。この流星群は、観測してみないとどの程度見られるのかわかりません。また、極大から1日ずれると3個/時程度まで減ってしまうため、流星を楽しめるのは通常の年では一夜だけとなります。母天体は小惑星2003 EH1と考えられています。

[*1] 流星群のピーク時刻は全地球的なもの。実際には観測地の放射点の高度が重要。
[*2] 極大：しぶんぎ座流星群の極大「1月3〜4日頃」とは、「1月3日から4日にかけての夜」という意味。他の流星群についても同様。
[*3] 極大太陽黄経：極大時の地球の位置を太陽黄経で表したもの。地球の公転周期は365日ちょうどではなく、「日時」で表すと極大が毎年少し変わるため。

●こと座流星群

活動期間4月16日〜4月25日／極大4月22〜23日頃(太陽黄経32.3°)／ZHR18／
対地速度49km/秒

　こと座流星群という名前が付いていますが、放射点はヘルクレス座の中(こと座との境界に近い)にあります。放射点は夜半前から東天に上り、薄明開始の頃に天頂近くまで達するので、明け方の観測がお勧めです。
　この群はピークが鋭い方で、1日ずれると3分の1程度の出現に減ってしまい、2日ずれるとZHR1〜2程度まで出現数が減少します。
　この群は、過去に何度も100個/時以上の突発出現をしており、1982年にもZHR250の記録があります。母天体はサッチャー彗星(C/1861 G1)という周期400年以上の長周期彗星で、これによる1公転トレイルと遭遇すると、活発な出現が見られます。

●みずがめ座 η 流星群

活動期間4月19日〜5月28日／極大5月6日頃(太陽黄経45.5°)／ZHR40／
対地速度66km/秒

　ハレー彗星を母天体とする流星群で、明け方の薄明の直前に高速で長経路の印象的な流星が見られます。そして、流星痕*4を残すものも多くあります。
　ただし、日本では放射点が高くなる前に薄明となるため、1時間余りしか見られません。出現数は薄明開始前後で5〜10個/時程度です。なお、極大日から2日程度ずれても出現数はあまり変わらないでしょう。2013年には、ダストトレイル接近により、例年の2倍程度の出現が観測されました。

●やぎ座 α 流星群

活動期間7月3日〜8月15日／極大7月30日頃(太陽黄経127°)／ZHR5／
対地速度23km/秒

　出現数は少ないのですが、ゆっくりとした流星が印象的な流星群です。ときどき火球(とても明るい流星)が出現します。極大は高原状で数日間同じような出現を見せます。年によって出現数に変動があり、やや少なめの年と多めの年があります。

---

*4 　流星痕：流星が流れた跡に、大気中に残る光の筋。明るい流星で見られることがある。

● みずがめ座δ南(でるた)流星群

> 活動期間7月12日〜8月23日／極大7月30日頃(太陽黄経127°)／ZHR16／
> 対地速度41km/秒

　極大は高原状で3〜4日間、同程度の出現を見せます。日本では放射点(ほうしゃてん)があまり高くならないこともあり、1時間に数個程度の出現数です。
　ただしこの時期は、やぎ座α群やその他の小流星群、ペルセウス座流星群の初期出現もあり、全体の流星数は十分楽しめます。年ごとの出現数はZHR10〜ZHR30程度で変動します。

● ペルセウス座流星群

> 活動期間7月22日〜8月24日／極大8月12〜13日頃(太陽黄経140.0°)／ZHR100／
> 対地速度59km/秒

　3大流星群の1つで、夏の夜空に多くの流星を出現させます。速く、明るい流星や、痕(こん)を残すものも多いため、見ごたえがあります。
　夜明け前に放射点が高く上るので、宵よりも夜明け前の方が多くの流星を見ることができます。20時頃は出現数は少ない一方、長経路の印象的な流星が見られます。極大から半日ずれても4分の3程度の出現数なので、もし極大時刻が昼間になってしまった場合にも、前後の夜に十分多くの流星を楽しめます。極大から1日ずれると約半分、2日だと約4分の1の出現数になります。母天体はスイフト・タットル彗星(109P)で、数公転以内のダストトレイルと遭遇すると、これによる短時間の活発な出現が加わることがあります。

● はくちょう座κ(かっぱ)流星群

> 活動期間8月3日〜8月25日／極大8月14日頃(太陽黄経141°)／ZHR3／
> 対地速度25km/秒

　ゆっくりとした流星で、火球(かきゅう)が多いと言われている流星群です。出現数は少なく、例年は極大もはっきりしません。ただし、年によって変動があり、近年では2007年と2014年にやや多い出現が継続的に観測されました。また、1993年にはペルセウス座流星群の極大の頃に火球(かきゅう)を多数出現させています。
　多くの文献ではこの群の極大を8月18日としています。しかし、活発な出現はもう少し早目であること、通常の年は極大がよくわからないことを考慮して、本書では8月14日頃の極大とします。また、はくちょう座κ流星群という名称がついていますが、放射点位置ははくちょう座とりゅう座の境界付近で、やや広い範囲に分布しています。

● 9月ペルセウス座 ε 流星群(いぶしろん)

活動期間9月5日～9月21日／極大9月9～10日頃(太陽黄経166.7°)／ZHR5／対地速度64km/秒

　8月の有名なペルセウス座流星群と似た性質の流星を出現させる流星群です。出現数は多くありませんが、毎年確実な出現が観測されています。極大は明瞭で、2日ずれると出現数がほぼ半減します。近年では2008年と2013年に短時間の活発な出現(ZHR30程度)を見せ、明るい流星の割合が多かったと報告されています。

● りゅう座流星群(ジャコビニ流星群)

活動期間10月6日～10月10日／極大10月8日頃(太陽黄経195.4°)／ZHR2／対地速度20km/秒

　ジャコビニ・ジンナー彗星(21P)を母彗星とする流星群です。1933年と1946年にZHR10000レベルの大出現をしました。また、1985年と1998年では日本でもZHR数百の大出現がありました。さらにヨーロッパ方面では2011年にZHR300、2012年にZHR600レベルの出現が見られました。
　一方で、平年はわずかな出現が観測されるだけです。この群の流星は、大変ゆっくりでフワッとした感じがする印象的な特徴があります。

● オリオン座流星群

活動期間10月12日～11月7日／極大10月22日頃(太陽黄経208°)／ZHR15／対地速度66km/秒

　ハレー彗星を母天体とする流星群で、高速で印象的な流星が見られます。夜半から夜明け前にかけて放射点(ほうしゃてん)が高くなり、流星数も増えていきます。極大は高原状で、2日程度ずれても出現数はあまり変化しません。
　2006年から数年間は活発な出現を見せました。公転周期が木星との1:6の共鳴関係(きょうめいかんけい)(周期71年)にある流星物質が多い領域があり、それによる出現と思われます。70年前にも出現が多かったという記録があり、2077年頃にまた出現数の増加が期待できます。それ以外にも、木星の影響により、出現数に12年周期があるという研究もあります。

●おうし座流星群

南群
活動期間10月2日～12月6日／極大11月1日頃(太陽黄経219°)／ZHR5／対地速度27km/秒

北群
活動期間10月31日～12月2日／極大11月12日頃(太陽黄経230°)／ZHR5／対地速度29km/秒

　おうし座流星群は南群と北群に分けられ、南群が11月1日頃、北群が11月12日頃に極大となります。ただし、極大は高原状で、4～5日違っても流星数は大きく変化しないので、両群を合わせると11月上旬が極大と考えてよいでしょう。
　出現数は多くありませんが、ときどき火球が出現します。また、オリオン群やしし群の時期にも活動し、流星の速さの対比が面白いです。エンケ彗星(2P)が母天体と言われていましたが、似た軌道を持つ小惑星がいくつかあり、これらの中の一部がおうし群の母天体であるという研究があります。公転周期が木星と7:2の共鳴関係にある流星物質が多い領域があり、この部分と遭遇すると流星数(特に火球)が増加すると言われています。2015年にも予測通り、南群で火球がかなり多くなったと報告されました。次は、2022年に期待できます。

●しし座流星群

活動期間11月10日～11月29日／極大11月18日頃(太陽黄経235°)／ZHR15／対地速度71km/秒

　放射点(ほうしゃてん)が上がってくる夜半後に、大変高速で印象的な流星が見られる流星群。母天体テンペル・タットル彗星(55P)(公転周期33年)が1998年2月に回帰し、その前後で活発な大出現を見せました。特に、2001年は日本でもZHR3000を超える大出現が見られました。記録的な大出現を何度もしている有名な流星群です。
　現在は、母天体が遠日点付近まで遠ざかっており、極大時出現数はZHR15程度で2～3日間はあまり変わりません。今後、母天体の次の回帰に向け、いつ頃からどのように出現数が変化してくるかが注目されます。

▼しし座流星群

2001年11月19日、世界的な大出現を見せた（撮影：百武裕司）

●ふたご座流星群

活動期間 12月4日〜12月17日／極大 12月14日頃（太陽黄経262.1°）／ZHR 120／対地速度 35km/秒

年間最大の出現をほぼ一晩中見せる流星群です。ZHR90以上の出現がほぼ24時間続くため、極大時刻が昼間になった場合でも、前後の夜に十分多くの流星を楽しむことができます。極大の1日前で極大時の約半分の出現が見られます。極大後の減少は早く、1日後は約4分の1に、2日後は10分の1に減少します。

また、この流星群は明るい流星と暗い流星で出現のピーク時刻が少し異なり、大変明るい流星のピークが全体のピークより半日程度遅れます。ただし大変明るい流星の出現は、そのピーク後には急速に減少します。

▼桜島上空を飛ぶ、ふたご座流星群の流星

撮影：富窪満二（鹿児島県鹿児島市）

この群の出現状況は毎年安定しています。長期的に見ると、20世紀前半の出現数が20〜60個/時で、その後、徐々に出現数を増やしてきたようです。極大の流星数が経年変化するのは、惑星摂動*5によって流星群の軌道面が変化するためです。

母天体は小惑星（3200）ファエトンです。ファエトンの軌道は今後も地球に近づいてくる見込みです。そのため、ふたご座流星群もさらに出現数を増し、明るい流星が増えるかもしれません。出現数がどう変わっていくのか確実なことはわかりませんが、今後が楽しみな流星群です。

●こぐま座流星群

活動期間 12月17日〜12月26日／極大 12月22〜23日頃（太陽黄経270.7°）／ZHR 10／対地速度 33km/秒

放射点がこぐま座にあり、24時間沈まないため、一晩中観測できる流星群です。ただし、放射点高度は明け方の方が高くなります。

出現数は平年であれば5個/時程度です。極大は比較的シャープで、1〜2日ずれると流星数がだいぶ減少します。

母天体はタットル彗星（8P）です。このダストトレイルとの遭遇により、平年の2倍から10倍の出現を見せる活発な年があります。母天体が遠日点付近にいるときにも活発な出現が起きることが多くあります。

---

*5 惑星摂動：木星など、惑星の重力の影響のこと。太陽系の天体は、太陽の重力で軌道が決まるが、惑星から受ける重力によって、わずかながら軌道が少しずつ変化する。

▼主な流星群の一覧

流星群名	活動期間	極大	極大太陽黄経	極大ZHR	対地速度	備考
しぶんぎ座流星群	12月28日～1月12日	1月3～4日頃	283.16°	120	41km/秒	年によって出現数に変動あり。
こと座流星群	4月16日～4月25日	4月22～23日頃	32.3°	18	49km/秒	過去にHR100程度の出現が何度もある。
みずがめ座η流星群	4月19日～5月28日	5月6日頃	45.5°	40	66km/秒	
やぎ座α流星群	7月3日～8月15日	7月30日頃	127°	5	23km/秒	
みずがめ座δ南流星群	7月12日～8月23日	7月30日	127°	16	41km/秒	
ペルセウス座流星群	7月22日～8月24日	8月12～13日頃	140.0°	100	59km/秒	
はくちょう座κ流星群	8月3日～8月25日	8月14日頃	141°	3	25km/秒	出現数の多い年がたまにある。
9月ペルセウス座ε流星群	9月5日～9月21日	9月9～10日	166.7°	5	64km/秒	出現数の多い年がたまにある。
りゅう座流星群	10月6日～10月10日	10月8日	195.4°	2	20km/秒	ジャコビニ流星群
オリオン座流星群	10月12日～11月7日	10月22日頃	208°	15	66km/秒	
おうし座南流星群	10月2日～12月6日	11月1日頃	219°	5	27km/秒	
おうし座北流星群	10月31日～12月2日	11月12日頃	230°	5	29km/秒	
しし座流星群	11月10日～11月29日	11月18日頃	235°	15	71km/秒	
ふたご座流星群	12月4日～12月17日	12月14日頃	262.1°	120	35km/秒	
こぐま座流星群	12月17日～12月26日	12月22～23日頃	270.7°	10	33km/秒	出現数のやや多い年がときどきある。

「IMO（国際流星機構）発表の流星群リスト」、「SonotaCo Netの観測データ」、「報告された日本の眼視観測データ」を総合的に考慮してまとめた。

03 日食

　日食は、月が地球を周る過程で太陽を隠す現象です。このときの月は、地球には太陽の影の部分を向けているため、全く見えません。そのため日食が起こると、太陽の一部(部分日食)が欠けたように見えたり、全部(皆既日食)が見えなくなったりします。

　月は地球の周りを、およそ1か月で1周しています。したがって、日食は毎月起こりそうですが、そうではありません。月は軌道が少し傾いているため、通常は太陽の少し北側か南側をすり抜けており、なかなか太陽を隠すことはありません。太陽の一部分のみを隠す「部分日食」は、見える範囲が比較的広いので、日本でも数年に一度程度は見ることができます。また、全地球的には、毎年のようにどこかで日食が起こっています。

▼ エジプトで見られた皆既日食(2006年3月29日)

撮影：北崎勝彦(東京都武蔵野市)

▼ 金環日食(2012年5月21日山梨県韮崎市で撮影)

撮影：中村祐二(三重県亀山市)

皆既日食と金環日食

　皆既日食とは、月が太陽の全部を隠した状態です。太陽は月の約400倍の大きさがありますが、距離も400倍遠方にあるため、太陽と月の見かけの大きさは、偶然にもほぼ同じです。ところが、月と地球の公転軌道は厳密な円ではないので距離が変わります。したがって、地球から見た月の大きさは、太陽よりも小さい時と大きい時があります。

　日食を観察するとき、月の見かけの大きさが太陽よりも大きければ、太陽をすべて覆い隠す状態となります。これを皆既日食といいます。

　一方、月の見かけの大きさが太陽よりも小さい場合、薄皮状に太陽面が残ります。これを金環日食といいます。

　皆既日食や金環日食の見られる範囲は、帯状のごく狭い範囲です。これを「皆既日食帯」「金環日食帯」といいます。帯の幅は狭すぎてなかなか見ることができないので、通常は その帯の地域まで旅行して観察することになります。太陽の一部が欠けて見える「部分日食」は見える範囲が広いので、旅行することなく数年に一度見られます。

▼ 皆既日食の原理

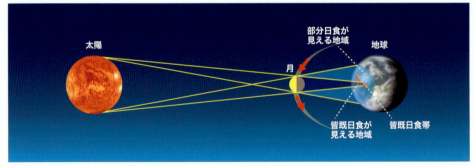

月の見かけの大きさが、太陽よりも大きいときに起こる。

▼ 金環日食の原理

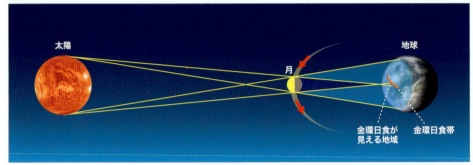

月の見かけの大きさが、太陽よりも小さいときに起こる。

日食の観察

　部分日食や金環日食の観察は、太陽面が見えているので、安全に十分配慮する必要があります。太陽に望遠鏡を向け裸眼で見るのは失明の恐れがあり、たいへん危険を伴います。また、プラスチックの下敷きやカメラ用のNDフィルターを使って、肉眼で長時間見続けると、網膜に障害を起こす恐れがあります。

　太陽観察用の保護メガネや、太陽投影板の利用で安全に観察しましょう。近くの公共の天文施設を利用することもお勧めです。

▼ 太陽観察用保護メガネによる観察

04 月食(げっしょく)

　月食は、太陽、地球、月が一直線上に並び、地球の影の中に月が進入する現象です。月が地球の影に完全に入った状態を「皆既(かいき)」といいます。日食と同じ程度の頻度で、月食も全地球的には毎年のように起こっています。月食が起こっているとき、月が見える地域であれば観察できるため、月食を観察できる地域は日食よりも格段に広くなります。特定の地域で月食を観察するチャンスは2年に一度程度訪れます。

▼ 皆既月食の原理

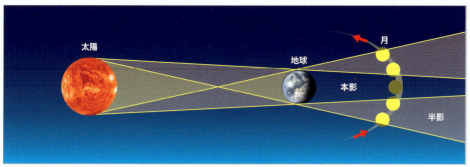

地球の影に月が入って月に日照がなくなるために暗くなる。

▼ 皆既月食の進行（2014年10月8日）

月食はなぜ赤い？

　地球の影に入るにつれて、月は徐々に暗くなります。真っ黒にはならず赤味を帯びた色に染まります。これは、地球に大気があるためです。太陽の光は地球の大気を通過する際に散乱されにくい赤い色だけが残ります。さらに、大気の屈折により赤い光は影の内側にまで曲げられて、月をほんのり赤く照らすのです。地球の影の境界も、地球の大気のためにぼやけています。

▼ 月食

太陽光からの青い光は地球の大気で散乱されやすく、本影にはほとんど残らない。

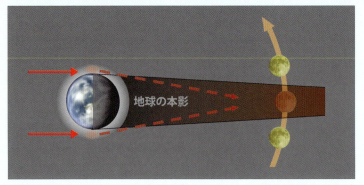

太陽光からの赤い光は地球の大気であまり散乱されずに大気を通過し、さらに大気の屈折により本影の中まで侵入する。

月食の観察

　月食の観察は、肉眼、双眼鏡、望遠鏡などさまざまな手段で楽しめます。**月食は色の変化が美しい現象**ですから、カメラで撮影するか、スケッチする場合には色鉛筆を使用しましょう。ゆっくりと進行する現象ですから、記録用のメディアとバッテリーは十分な容量のものを用意しましょう。

05 星食(せいしょく)

月や小惑星などの天体が、夜空を運行する過程で別の天体を隠す天文現象を「星食」といいます。狭い意味の星食は、月による恒星の食を指しますが、広くは、月が惑星を隠す「惑星食」、惑星や小惑星が恒星を隠す「恒星食」などがあります。月による星食は、頻繁に起こる現象です。単に「星食」といえば「月による恒星食」を指します。

▼ 1等星スピカの星食。明縁からの出現

撮影：著者／2006年1月22日

「暗縁潜入」「明縁出現」「明縁潜入」「暗縁出現」

月が恒星をかくす瞬間を「潜入(せんにゅう)」、月の背後から恒星が現れる瞬間を「出現(しゅつげん)」といいます。新月から満月の期間に起こる星食のほとんどは、月の暗い側から「潜入」が起こり、月の明るい側から「出現」します。これをそれぞれ「暗縁潜入(あんえんせんにゅう)」「明縁出現(めいえんしゅつげん)」といいます。満月から新月の期間に起こる星食のほとんどは、月の明るい側から「潜入」し、月の暗い側から「出現」します。これは「明縁潜入(めいえんせんにゅう)」「暗縁出現(あんえんしゅつげん)」といいます。「潜入」「出現」ともに暗縁側での現象が明瞭に観察できます。

潜入と出現は瞬間的に起こります。予報時刻の頃にはまばたきを我慢して観察しましょう。星食は宇宙の息吹を感じることのできる天文現象です。

天体観測手帳には、3等星以上の星食の中で観察条件の良いものを予報しています。

▼ 天体観測手帳の星食予報の例

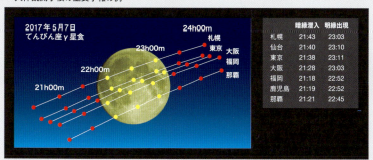

接食

　星食の際、恒星や惑星が月の縁をかすめる現象を「接食」または「限界線星食」といいます。月の縁の山や谷に恒星が出現したり隠れたりを繰り返すため、複数回の明滅を起こします。接食の見られる範囲は100m～数100mのごく細い帯状の地域です。この細い帯を横断するように観測者を配置し、明滅の時刻を正確に観測し得られたデータを解析すると、接食地点の月の山や谷が浮かび上がってきます。

▼鹿児島市で観測された7.3等星の接食の連続画像

撮影：著者／2004年12月6日

惑星食

　惑星が月に隠される惑星食といいます。惑星は面積があるために、潜入と出現の際には、数秒から数10秒の時間を要します。条件の良い惑星食は、数年に1度くらいしか発生しない、希少な天文現象です。

▼木星食

撮影：百武裕司／2001年8月16日

▼金星食

撮影：吉見昭文(鹿児島県天体写真協会)／2012年8月14日

小惑星による恒星食(こうせいしょく)

　小惑星は、多くが火星と木星の間に軌道を持つ、惑星とは呼べない小型の天体です。小惑星は毎年多数発見されており、2016年現在では軌道の確定したものだけでも、約50万個に達しています。

　このような微小天体も実質的には大きさをもっており、視直径(しちょっけい)も恒星よりはるかに大きいため、運動の過程でまれに背景の恒星を覆い隠すことがあります。この現象が「小惑星による恒星食」です。恒星が小惑星よりも十分明るい場合、食が起こると突然恒星が消失したように観察されます。

▼ 小惑星による恒星食のイメージ図

▼ 小惑星トキオによる恒星食

潜入の瞬間	出現の瞬間
01:35:24.13	01:35:34.39
01:35:24.16	01:35:34.42
01:35:24.20	01:35:34.45
01:35:24.23	01:35:34.49
01:35:24.26	01:35:34.52
01:35:24.30	01:35:34.55
01:35:24.33	01:35:34.58
01:35:24.36	01:35:34.62
01:35:24.40	01:35:34.65
01:35:24.43	01:35:34.68
01:35:24.46	01:35:34.72
01:35:24.50	01:35:34.75

対象星 HIP 65791(mag7.3)

小惑星トキオによる7.3等星(HIP65791)が隠される瞬間と出現する瞬間をとらえた映像。
撮影：監物邦男(岡山県倉敷市)／2004年2月18日

▼ 観測成果から得られた小惑星トキオの輪郭

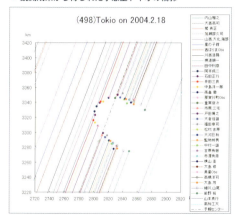

4 主な天文現象

食と掩蔽(えんぺい)

　天文現象においては「食」と「掩蔽」という用語があります。狭義では、食とは天体の本体が「他の天体の影に隠れる」こと、掩蔽は「天体が他の天体と重なる」ことです。例えば、地球の影に月が隠れる「月食」は「食」で、月が太陽を隠す「日食」は「掩蔽」です。
　ところが、掩蔽という言葉自体が時代とともになじみが薄くなり、「食」と「掩蔽」をひっくるめて広義に「食」と呼ぶ傾向があります。例えば、日食の他に「星食」「惑星食」という用語がありますが、これらも実態は「掩蔽」です。

06 変光星・新星

恒星には、明るさの変化する星があります。このような星を変光星といいます。変光星は、変光のメカニズムによって、いくつかの種類に分けられます。

 天体観測手帳には、変光周期が長く、変光の等級の大きいミラ型変光星について、代表的な星の極大予報を掲載しています。

ミラ型変光星

恒星の進化で、終末期に近づき不安定となって変光する種類の天体です。このグループの変光星を「ミラ型変光星」と呼びます。この種の変光星は、変光周期が100日〜数年と長く、変光等級は数等級と非常に大きく変化します。

変光するしくみは、星そのものが収縮と膨張を繰り返すことで起きます。恒星の収縮と膨張による変光星を脈動変光星と呼び、ミラ型変光星もその一形態です。

 天体観測手帳には、週間カレンダー部に主なミラ型変光星の極大予報を掲載し、特にミラなど顕著な対象星については、カラーページで解説しています。

●ミラ

ミラ(くじら座 ο 星)は、1609年に初めて発見された変光星でもあります。発見者は、1596年ファブリチウス(独)とされています。ファブリチウスも1596年時点では「1572年のティコの新星[*6]」と同じ種類のものと考えていましたが、13年後の1609年に増光しているこの星を"再発見"しています。その後、1662年ヘベリウス(ポーランド)が著書で「不思議な星(Mirae Stellae)」と紹介したことから、「ミラ」が固有名として定着しました。

ミラの変光周期は322日前後で、2.0〜10.1等まで大きく明るさが変わります。周期、極大日とも不安定に変わるため、掲載されている予報は目安ととらえる必要があります。極大日は数日から数週間もずれる場合があり、極大等級としての2.0等は過去に観測された最も明るい等級で、4等台までしか達しない場合もあります。

[*6] ティコの新星:1572年カシオペヤ座に出現し−4等まで増光した超新星。ティコ・ブラーエ(デンマーク)が4か月にわたって詳細に観測した。

▼ ミラは怪物くじらのちょうど心臓のあたりにある

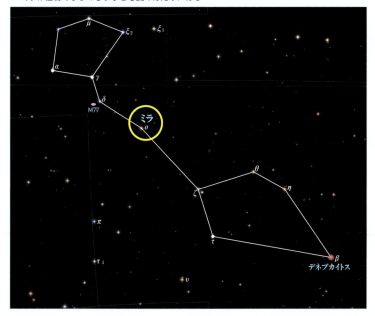

▼ ミラの変光曲線

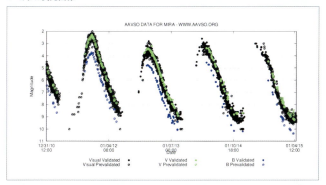

ミラが極大の頃は肉眼でも容易に認められる。極大の明るさも時期も大きくずれることがあるので注意。
AAVSO(American Association Variable Star Observers)／Light Curve Generatorにより作成

● はくちょう座χ星

　はくちょう座χ星は、はくちょう座の首の部分にあるミラ型変光星です。約408日の周期で3.3等～11.3等まで明るさが変化します。ただし、ミラ型変光星の常として、周期も明るさも予報と大きく変わることがあります。極大の頃は星座の中で肉眼でも見られるようになり、いつもと違うちょっぴり曲がった はくちょう座の首になります。

▼ はくちょう座χ星の位置

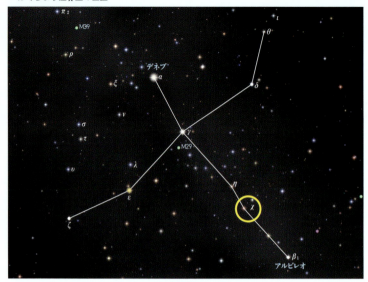

極大の頃のみ肉眼で見ることができ、はくちょう座の首の一星となる。すぐ近くにX線源として有名な「はくちょう座X-1」があるが全く別物で、こちらは望遠鏡で見ることはできない。

▼ はくちょう座χ星の変光曲線

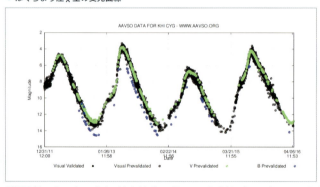

AAVSO（American Association Variable Star Observers）／Light Curve Generator により作成

▼ 主なミラ型変光星

変光星	変光範囲（等）	周期（日）
R Hya	3.5-10.9	389
U Ori	4.8-13.0	368
o Cet	2.0-10.1	332
RR Sco	5.0-12.4	281
χ Cyg	3.3-14.2	408
R Leo	4.4-11.3	310
R Lep	5.5-11.7	438
R Cas	4.7-13.5	430

←ミラ

変光星	変光範囲（等）	周期（日）
R Gem	6.0-14.0	370
R Tri	5.4-12.6	267
RT Sgr	6.0-14.1	306
RR Sgr	5.4-14.0	336
R Boo	6.0-13.3	223
R And	5.6-14.9	409
R Aql	5.5-12.0	270
T Cep	5.2-11.3	388

変光星	変光範囲(等)	周期(日)
X Oph	5.9-9.2	329
R Aqr	5.8-12.4	387
R Ser	5.2-14.4	356

変光星	変光範囲(等)	周期(日)
U Cyg	5.9-12.1	460
S CrB	5.8-14.1	360
S Scl	5.5-13.6	375

セファイド(ケフェウス座δ型変光星)

　セファイド(Cepheid)は、数日の変光周期で規則正しく変光する星です。最初に発見されたセファイドはケフェウス座δ星で、この星座名からセファイドと呼ばれるようになりました。

　セファイドも星そのものが収縮と膨張を繰り返すことで変光する脈動変光星の一種です。変光周期は2日〜50日、変光等級は最大でも2等程度です。規則正しく脈動をする点でミラ型とは大きく特徴が異なります。

　実際の観測は、冷却CCDなどの少ない光量差を検出可能な機器でないと、正確な変光を得ることは困難です。観測期間が数日に及びますので、空のコンディションも大きく左右します。そのため比較する恒星とともに、同じ条件で観測を行います。

▼ ケフェウス座δ星の位置

▼ ケフェウス座δ星の変光のメカニズム

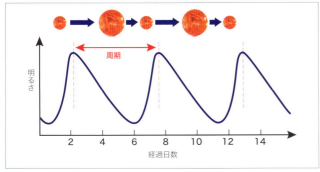

星が収縮した時が極大の頃となる。

食変光星（アルゴル型変光星）

　2つの恒星が公転しあう連星系で、地球から見たときに、一部を隠す位置関係だと一時的に暗くなります。このような見かけの変光星を「食変光星」といいます。特によく知られているアルゴル（ペルセウス座β星）の名をとって、アルゴル型変光星[7]とも呼ばれます。
　アルゴルは、英雄ペルセウスが退治した魔女メデューサの首の位置にある星です。ギリシャ時代にはこの星が変光することは知られていなかったはずですが、この星が変光星とは偶然にも名称の由来と似つかわしいですね。

▼ 食変光星の原理と変光曲線

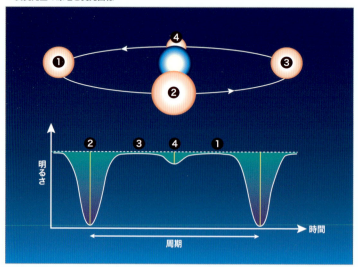

連星系で食を起こしたときに減光する。アルゴルは、2日21時間周期で2.1等から3.4等まで急減光する。

セファイドは宇宙の灯台

セファイドは天文学の発展上、とても重要な役割を果たしています。セファイドは、変光の周期と絶対等級[8]との間に密接な関係があります。セファイドの変光周期を観測すると、絶対等級がわかるのです。そして、見かけの明るさと絶対等級の比較から、そのセファイドまでの距離を測定することにつながります。このため、セファイドは「宇宙の灯台」とも呼ばれます。
このセファイドの光度周期関係を発見したのは、米国ハーバード大学天文台の女性天文学者 ヘンリエッタ・リービット（Henrietta Leavitt 1868-1921）です。リービットは、小マゼラン星雲にある32個のセファイドを調査し、1902年の論文で発表しました。

▼ ヘンリエッタ・リービット

聴覚の障害を抱えながら、セファイドの重要な性質を発見した。1924年ノーベル賞候補にも推薦されたが、その時にはすでに亡くなっていた。

[7] アルゴル型変光星：広義では、食変光星全般を指す。狭義では食変光星の細分化された一形態を指すこともある。
[8] 絶対等級：恒星を10パーセク（＝32.6光年）の距離に置いた時の等級。見かけの明るさではなく、恒星本来の実力を比較する指標。太陽の絶対等級は 4.8等 でごくありふれた明るさ。

▼ アルゴル(ペルセウス座β星)の位置

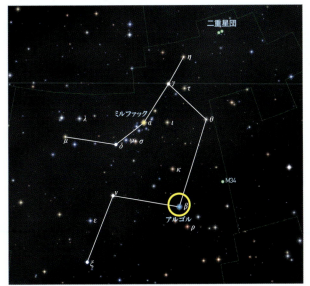

新星

　新星は、これまで星がなかったところに突然星が出現する現象です。このことから「新星」と名付けられていますが、実際には新たな星が生まれるものではありません。暗くて見えなかった星が急激に増光する現象です。増光の規模は、数百倍～数百万倍(7～16等)にも及びます。増光を開始して数時間から数日でピークに達し、その後、数日から数か月かけて緩やかに減光し、再び元の明るさまで暗くなります。

　発生のメカニズムは永らくわかっていませんでしたが、現在では白色矮星[*9]と通常の恒星の近接した連星系で起こる表面爆発であることがわかっています。この爆発現象は反復して発生するのですが、爆発の間隔が非常に長いうえに不定期なため、複数回の新星現象が確認された例はあまりありません。

　いつ、どこで出現するかは全くわからない現象ですから、一般の方が観察するためにはインターネット上の発見情報に注意を払う必要があります。

　後述の「超新星」とは名称は似ていますが、増光の規模やメカニズムが全く異なります。

▼ さそり座に発見された新星V1280Sco・V1281Sco

中村祐二さんらにより2007年2月4日と同年2月19日発見。2つもの新星がほぼ同じ領域で同じ時期に出現することは、極めてまれ。
撮影：中村祐二(三重県亀山市)／2007年2月27日

[*9] 白色矮星：大きさが地球程度しかなく、表面温度が一万度以上の高温の星。すでに核融合反応をしていない、太陽くらいの質量の恒星が終末期に取る形態。

07 その他の天文現象

黄道光

彗星ほど顕著ではありませんが、少ないながら地球の軌道（黄道）上にも、ある一定量の塵埃（ダスト）が漂っています。この**ダストが太陽光を散乱して淡く光る現象**が**黄道光**です。黄道に沿って、舌状に細長く伸びる光の帯です。

黄道光は、夕方の西空か、明け方の東空に見ることができます。日本付近の緯度では、夕方の黄道光は夕方に黄道が高くなる1月～3月、明け方の黄道光は明け方に黄道が高くなる9月～11月が観察の好期です。

黄道光は明るいところでも夏の天の川と同じくらいに淡い光芒ですので、月明かりや光害のあるところではとても観察しづらくなります。

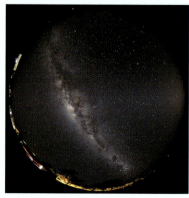

▼ オーストラリアの黄道光と天の川。画面右側から中央に向かう淡い光芒が黄道光

撮影：中村祐二／オーストラリア・クイーンズランド州・ジョージタウン

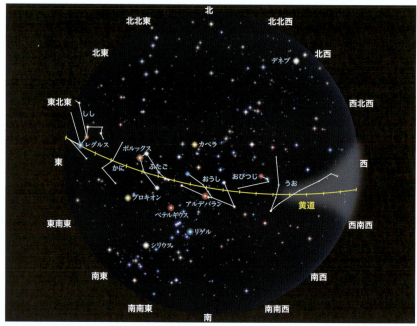

▼ 2月中旬 日没後1時間頃の黄道光の見え方。西の低空から天頂方向に向かって淡い光芒が伸びる

▼ 10月中旬日出前後1時間頃の黄道光の見え方。東の低空から天頂方向に向かって淡い光芒が伸びる

対日照(たいにっしょう)

　黄道光は太陽から離れるほど薄く暗くなります。ある程度の離角以上では見えなくなりますが、実際には天球上を黄道に沿って1周しています。この中で、ちょうど太陽と正反対側(＝衝(しょう)の方向)は、大きな楕円形状にほんのりと薄明るくなっています。これを「対日照」といいます。

　対日照も黄道光と同じく地球の軌道上に分布するダストが、太陽光を散乱するものですが、太陽と正反対側への反射光は強くなる性質があるために、衝の位置がより明るくなるものです。しかし、対日照周辺の黄道光より明るいとはいえ、冬の天の川よりもかなり暗いために、相当に夜空の良好な環境が整った観測地でないと見ることはできません。

▼ 対日照(Gegenschein)

観測場所：木曾観測所／1997年2月13日
国立天文台 広報普及室

超新星

恒星の終末に起こる大爆発現象です。恒星は質量によって進化が異なりますが、太陽の8倍以上の質量を持つ恒星は、最後に自分自身の重力を支えきれなくなり大爆発を起こします。これが「超新星現象」です。

超新星爆発を起こすと、15万倍〜4000万倍（13〜19等級）も増光します。1つの銀河で100年に1回程度発生します。私たちの天の川銀河でも、同様の頻度で起こっていると考えられますが、1604年に発生したへびつかい座の超新星（ケプラーの星）以来見つかっていません。これは、星間物質にさえぎられるために、近傍の超新星しか観測されないためと考えられます。

近年では、1987年の大マゼラン銀河の超新星（SN1987A）があります。この超新星爆発に由来するニュートリノ[*10]を検出した業績により、2002年、小柴昌俊氏（当時東京大学理学部）にノーベル物理学賞が授与されました。

私たちの天の川銀河で発生する超新星を見てみたいものですが、発生頻度が少なすぎて現実的ではありません。そのため多数の銀河を観測することが、超新星の発見につながります。それでも10等級よりも暗いことがほとんどですから、なかなか一般の方の観察対象とはなりにくい天文現象です。

ちなみに、恒星の質量が太陽の30倍を超えると、超新星爆発後、中心部にブラックホールが形成されます。

▼ 1604年 へびつかい座に発生した超新星の記録

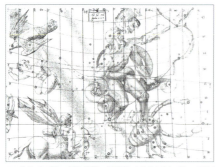

ヨハネス・ケプラー（独）が詳しく観測したために「ケプラーの星」と呼ばれる。この星図は、ケプラー自身が描いたもので、中央下側に「N」の文字のある星が超新星の位置。

▼ ハッブル宇宙望遠鏡が撮影した超新星SN1987A。1987年2月24日大マゼラン銀河に出現

ベテルギウスが超新星爆発したら？

近年の天文普及により「ベテルギウスがもうすぐ爆発しそうだ」との知見が広まっています。ベテルギウスは、オリオン座にある1等星で、直径が太陽の1000倍もある赤色巨星[*11]としてよく知られています。
この場合の爆発は終末期の超新星爆発を意味します。さまざまな研究から、ベテルギウスは終末期の不安定な状態が報告されていることから「もうすぐ爆発」といわれる所以です。しかし、星の一生は極めて長く、ベテルギウスの場合は1000万年程度の寿命があるとされていますから、その1％でも10万年です。「もうすぐ爆発」は「10万年後にも爆発」とほとんど同じ意味と考えてください。専門の研究者によると、「100万年以内にはほぼ確実に爆発するでしょう」とのことです。
もし、ベテルギウスが超新星爆発を起こした場合、半月くらいの明るさまで増光し、1か月ほど輝き続けると推測されています。

[*10] ニュートリノ：宇宙を構成する基本粒子（素粒子）のひとつ。超新星爆発の際に、大量に放出される。
[*11] 赤色巨星：恒星の進化の最終段階にあるもの。表面温度が低く赤い色となり、直径は太陽の100倍以上に膨れ上がっている。

Chapter

5

天体観測入門

星空は、機材がなくても楽しめます。「Chapter 2　季節の星座を楽しもう」では肉眼で観察することを主眼に置いて解説しました。双眼鏡や望遠鏡を使えば、さらに奥深く宇宙を楽しみ知ることができます。本章では、望遠鏡による観察を前提として、注目したいポイントを解説します。天体観測手帳には、惑星について観察の好期を案内しています。また、その季節に観察しやすい星雲星団や重星についても紹介しています。

01 月の観察

　月は最も身近で、また最も変化に富んだ姿を見せてくれます。肉眼では、月の海が明瞭な満月の頃が観察に適した頃といえるでしょう。一方、望遠鏡による観察で特に美しいのは月の明るい側と暗い側の境界、すなわち「欠け際」です。

　月の欠け際は、太陽が月を真横から照らすところで、月の地形に陰影がついて映えるのです。特に、三日月の頃から半月過ぎの頃までの月の欠け際は明瞭で、美しく観察できる適期です。

▼ 月の欠け際

▼ 月面地図

クレーター

クレーターは、隕石の衝突によって作られました。大きいものでは、直径が数百kmになるものもあります。それぞれに名前がついており、その多くには科学者の名前がつけられています。中でも目立つのは、コペルニクスとティコクレーターです。どちらも、直径が90kmほどもあります。

山脈

アルプス山脈やアペニン山脈のように、地球と同じ名前の山脈もあります。長いものでは、500km以上にも及び、標高も2000m級のものが大半です。多くが海と呼ばれる平原の淵にあります。

海

月面で海と呼ばれる部分は、他の場所に比べて土地が低くなっており、クレーターの少ない平原になっています。ここにも、それぞれ名前つけられており、晴れの海や賢者の海など、独特なものになっています。有名な海では、アポロ11号の着陸地点となった静かの海があります。

地球照

新月に近い細い月の頃、空がよく澄みきった夜であれば、月の暗い側がほんのり見えることがあります。これは地球照という現象です。月は太陽の光を反射して光ります。月の暗い側は日光が当たりませんが、地球の昼の側の日照が月の暗縁側を照らしているのです。特に月の細いころには、月から見た地球はまん丸に近い（満月ではなくて）満地球の状態ですので、月の暗い側を明るく照らしています。

▼ 地球照の原理。月の暗い側を地球が反射した太陽光が照らしている

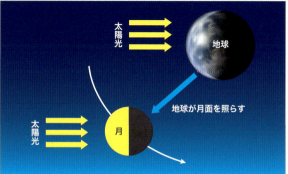

スーパームーン

月の軌道は、公転の中心が5.5%ずれた楕円となっています。このため同じ満月でも5.5%の遠近差がうまれます。地球と月の距離が近く、見かけの大きさが最大級となる満月はスーパームーンと呼ばれ、天文ファンのみならず一般の関心も比較的高く、ニュースや天気予報でも取り上げられるようになりました。

もともとは占星術の用語だったものが、2011年にNASAのWebサイトで使われた結果広まったようです。なお、天文学的には月との距離がどこまで近づくとスーパームーンとするかの定義はありません。

スーパームーンがある一方、当然ながら最遠の満月もあります。最近（スーパームーン）と最遠の月は、おおむね半年隔てた時期に起こります。

▼ 最遠と最近（スーパームーン）の満月の大きさの比較

月面X

半月（上弦）の頃に、明縁と暗縁の境界のクレーター（ブランキヌス、ラカイユ、プールバッハ付近）で「X」の文字が浮かび上がることがあります。これは愛好家の間で「月面X」と呼ばれ近年人気が出ています。2004年にカナダの天文愛好家がインターネット上で紹介したのがきっかけとされ、海外では「ルナX」とも呼ばれて親しまれています。

月面Xはクレーターの山頂部のみに日照がある条件で、偶然に見られる造形です。「X」は1回の予報に対して、その前後約1時間程度姿を現します。全地球的には毎月発生しますが、日没後の好条件で観察できるチャンスは、1年に数回程度です。

少々マニアックで、これを天文現象といえるかは意見の分かれるところでしょう。専門誌ではあまり取り扱われませんが、天体観測手帳では2017年版から予報を掲載しています。

▼ 月面X。上弦の頃に、クレーターの山頂部の日照でできる造形

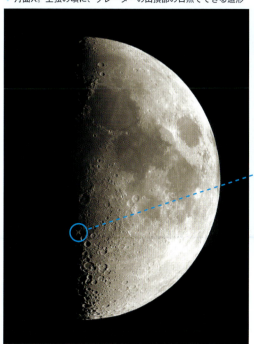
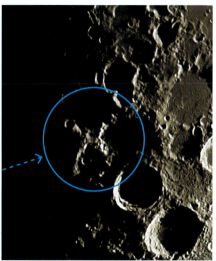

> ### クロワッサンの由来
> 英語で三日月を「Crescent moon」または単に「Crescent」といいます。Crescentは「徐々に大きくなる」ことで、音楽のクレッシェンド(Crescendo)も同じです。ところで、フランスの代表的な菓子パンのひとつ「クロワッサン」は、形の連想から三日月のフランス語「Croissant」が由来となっています。クロワッサンを食する機会には、味覚だけでなくぜひ形も楽しんでみましょう。
> ちなみに「三日月」という語は、細い月という意味で常用されていますが、本来は新月を「一日目」として「三日目の月」が「三日月」です。これは月の満ち欠けを基準とする太陰暦の用語です。

02 惑星の観察

　天球に張り付いた恒星と違って、星々の間を縫うように動く惑星は、古代から人々の強い関心を引く天体でした。古代から知られていた、水星、金星、火星、木星、土星の5大惑星に加え、近代に発見された天王星、海王星について、観察のポイントを紹介します。

> 天体観測手帳では、これらの惑星の観察好期を中心に解説しています。惑星の観察は、都会の中にあっても可能です。一方、シーイング（気流）の悪い夜には観察不適となります。本書の惑星の図や写真は、北を上側に統一して掲載しています。書物によっては南を上側にするものも多く、これは一般的な望遠鏡で観察すると像が倒立するためです。

▍水星、金星

　内惑星、水星と金星は、太陽から最も離れて見える東方最大離角と西方最大離角の頃が観察の好期です。

　水星は太陽からの離角が小さいため、最大離角の時期以外に観察することは困難です。天文学者コペルニクスさえ生涯見たことがなかったとされます。最大離角の頃でも日没時・日出時の地平高度はやっと20°程度です。東方最大離角は日没後の夕空ですので、特に生活時間帯で観察に適しています。

　春の東方最大離角は黄道が高くなり、より観察しやすくなります。最大離角の頃の光度は0等〜−1等まで明るくなり、低空ながら肉眼でも楽に見つけることができます。最大離角の頃の水星は望遠鏡で半月状に見られますが、低空であることから大望遠鏡でもその形を明瞭に観察することは意外と困難です。

　水星は運行が速く、1年にそれぞれ3回程度の東方最大離角と西方最大離角が起こります。

　金星は平均で−4等級、これは1等星の100倍も明るく、最大光度の頃には200倍もの明るさでまばゆいほどに輝きます。このため、薄明や低空の多少条件の悪い環境にも負けずに観察することができます。観察が困難となる時期は、内合と外合の頃のみです。望遠鏡での観察は、最大離角から最大光度の頃（明け方の観察では、最大光度から最大離角の頃）が観察しやすく変化も楽しめる、金星観察のハイライトです。この時期には1週間ごとに金星の見せる姿は変化していきます。最大光度から内合まで大きく変化していきますが、太陽との離角が小さくなるため日中の観測が有効となってきます。日中での観察のためには、望遠鏡にも自動導入の機能が欲しいところです。しかしながら危険な太陽と隣り合わせですから十分な注意が必要です。

　金星は地球と軌道が近く、公転の速度も近いために会合の周期[*1]は火星の次に長く、約1年7か月です。

[*1]　会合の周期：惑星が地球との合（または衝）から出発して、再び同じ合（または衝）に戻るまでの周期。

▼ 地球から見る金星の位置と見え方のイメージ。内合を挟む数か月間の変化が大きい

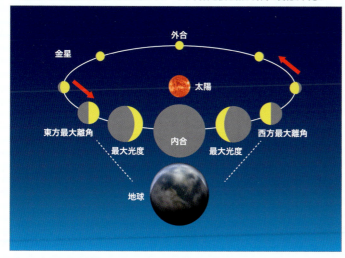

▼ 「内合－東方最大離角－最大光度－内合－最大光度－西方最大離角」の見かけの大きさと形状の変化

▼ 金星の東方最大離角

撮影：松下優（鹿児島県天体写真協会）

▼ 金星の最大光度

撮影：小石川正弘（元仙台市天文台）

金星の東方最大離角（左）と最大光度（右）時の写真。金星は厚い雲に覆われているために、表面には目立った模様がない。

火星

　火星は外惑星の中では最も地球に近づきますが、実際の大きさは地球のわずか1/2程度しかなく、観察の難しい天体です。地球からの距離も大きく変化します。地球との距離が最も近くなる時期を「接近」といいますが、この用語は火星以外ではあまり使われることはありません。
　衝の頃(接近の頃と同義)が観察の好期です。火星も金星と同様に地球と軌道が近く、公転の速度も近いために会合の周期が長く約2年2か月です。
　最接近時の距離も地球との位置関係でかなり異なります。最も遠い「小接近」と理想的に近い「大接近」では2倍近くも距離に差があり、すなわち見かけの大きさも2倍近くも異なってしまいます。火星の大接近は15〜17年ごとに訪れ、観察の絶好機となります。
　火星を望遠鏡の高倍率で観察すると、極冠という南北両極の氷やドライアイスの白い帽子のような部分や、火星の地表の模様を観察することができます。火星の模様でよく知られているものには、大シルチス、太陽湖、キンメリウムの海などがあります。火星の自転周期は24時間38分と地球よりも38分だけ遅く、毎日同じ時刻で観察すると少しずつ見える地形が変わっていきます。

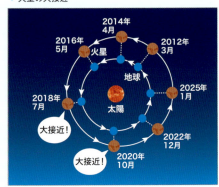

▼ 火星の大接近

2018年7月31日には、2003年以来15年ぶりの大接近となる。さらに2年後の2020年10月6日も大接近する。

▼ 2003年8月大接近時の火星

大シルチス付近

キンメリウムの海付近

シレーネスの海付近

▼ 火星に見える模様と主な地名。時期によって、北極冠ではなく南極冠が見えることもある

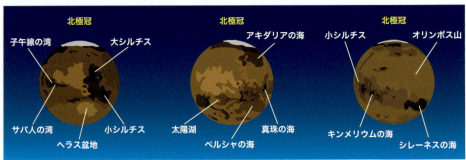

木星

木星は衝の頃には－2.5等の圧倒的な明るさで輝きひときわ目立ちます。木星の観察で注目したいのは、なんといっても縞模様と4つのガリレオ衛星です。

 ガリレオ衛星の運行予報は、天体観測手帳の毎月のカレンダーに掲載されています。

縞模様は2本が特に太くて目立ちます。気流の条件が良い時には、高倍率にしてさらに細かい縞模様を観察してみましょう。縞模様と並んで有名な模様に「大赤斑」がありますが、直径がこの数十年の間に半分近くまで小さくなっています。シーイング（気流の状態）が悪いと木星面にあってもわかりづらいので、注意深く観察しましょう。

▼ 木星と大赤斑

木星は、大きな2本の縞模様と大赤斑が最も大きな特徴。木星はわずか10時間で自転するので、数時間観察すると大赤斑の移動も観察できる。
撮影：松下優（鹿児島県天体写真協会）

土星

土星はユニークな環の存在で、特に人気の高い天体です。約30年で公転するため、その半期ずつ15年ごとに、土星の環の北側と南側を見る姿勢となります。2017年頃が土星の北半球が最もよく見える時期にあたり、土星の環が観察しやすくなります。土星の最大の魅力、環を高倍率で観察してみましょう。

小望遠鏡で観察可能な環は、A環、B環で、シーイングがよければ薄いC環も対象となります。また、A環とB環を分けるカッシニの空隙にも注目です。

土星には、現在までに50個を超える多数の衛星が発見されています。これらのほとんどは小望遠鏡で見ることはできませんが、シーイングが良い夜には4～7個程の衛星を確認することができます。

▼ 近年の土星は環が大きく開き、北半球がよく見えている

撮影：松下優（鹿児島県天体写真協会）

▼ 土星の「A環」「B環」「C環」「カッシニの空隙」

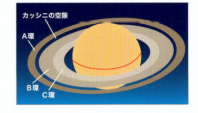

 天体観測手帳の毎月のカレンダーでは、特に明るいS3（テティス）、S4（ディオーネ）、S5（レア）、S6（タイタン）の4星の位置予報を掲載しています。

土星の環の傾きは、今後年ごとに少しずつ小さくなり、2025年3〜4月には真横から見る時期が訪れます。土星の環は薄く、この瞬間には全く環が見えなくなる「土星の環の消失現象」が起こります。

▼環の消失した土星（2009年8月11日）

合の時期に当たっていて観察が困難だった。次回の土星の環の消失現象は2025年3〜4月に起こる。

▼土星は30年の公転周期があり、公転中に地球から見える環の傾きが変わっていく

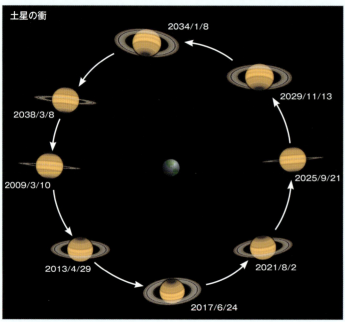

図中の日付は衝を示している（惑星はステラナビゲータで作成）。

ガリレイの観測した土星

ガリレオ・ガリレイ（Galileo Galilei 1564-1642 伊）は、木星の衛星を発見したことでよく知られています。ガリレイは、1610年に土星にも望遠鏡を向けて観察しています。残念ながらガリレイの望遠鏡では土星の環を認識できず、当初は「3つの星でできている。中央の星がとても大きく、3つの星は接触するようである。まるで耳のようだ」と記しています。年を追うごとにその耳は小さくなっていき、ガリレイは自身の過去の観測を疑うほどでした。1612年から1613年に再び土星を観測したガリレイは驚きます。なぜなら、両脇の星が消えてしまったのです。当時ガリレイはその理屈を理解できませんでしたが、環の消失現象を観測していたのです。

▼ガリレイのスケッチした土星（1610年）

天王星・海王星

　天王星・海王星は、太陽系の最外縁部の惑星で運行が遅いため、天王星は2018年4月までうお座に、海王星は2022年4月までみずがめ座に滞在します。このために、毎年のように秋に「衝」となり観察の好期となります。

　遠方の惑星なので、どの時期に観察しても視直径はほとんど変わりません。とても小さな視直径であるために、小望遠鏡では恒星となかなか見分けがつかないでしょう。実際の大きさは、天王星・海王星ともに地球の4倍の直径があります。天王星は黄緑色、海王星は水色をしていますので、恒星と見分ける際の手がかりになります。

　天王星の明るさは、衝の頃5.7等ほどです。これは肉眼でのほぼ限界に近く、双眼鏡を使えば星図と照合することで探すことができます。

▼ 惑星の視直径（見かけの大きさ）の比較

（惑星はステラナビゲータで作成）

03 星雲・星団・銀河の観察

　星雲・星団・銀河は天文ファンの人気が高く、いつでも変わらぬ姿を見せてくれます。天体観測手帳では、M（メシエ）天体を中心に、観察しやすい天体を一覧しています。近年では自動導入機能のある望遠鏡も普及しており、手軽に目標天体を視野に導くことができるようになりました。特に観察会等でたくさんの観察者が訪れる機会では重宝する機能です。自動導入がなくても、星の並びを追って時間をかけて目標天体を探すことは宝探しのようで、これもまた星空観察の楽しみとなります。

　望遠鏡で眼視観測しても、多くの星雲星団は色のない淡い光芒として見えます。これは、人間の眼の特性で、暗所に順応した眼は色彩を感じにくくなるためです。写真では色彩豊かに撮影できます。しかしながら、写真では、肉眼で感じられる透明感や星の瞬きを表現することは困難です。スケッチでは肉眼の感覚に近い表現が可能です。

> **本書に掲載するスケッチの見方**
> P124以降の視野円に記載した「→W」マークは西の方向を示します。望遠鏡を固定すると、視野内の星は少しずつ西に動いていきます。写真は、基本として北を上に掲載していますので、写真と比較する場合には「→W」の方向を右側に向けてください。

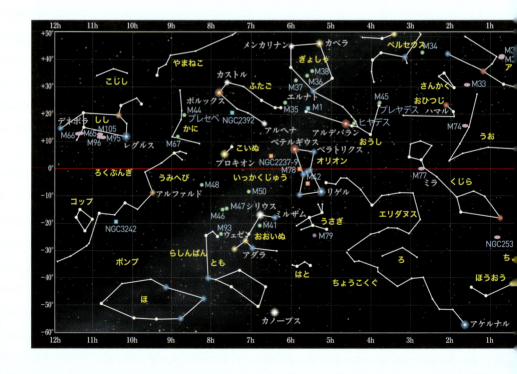

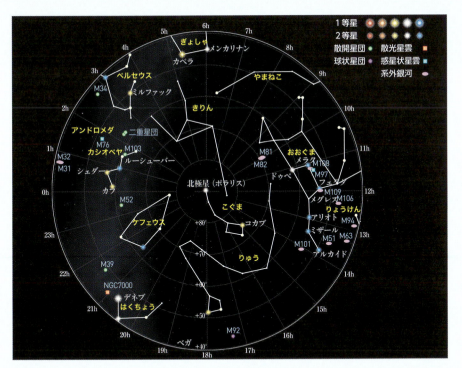
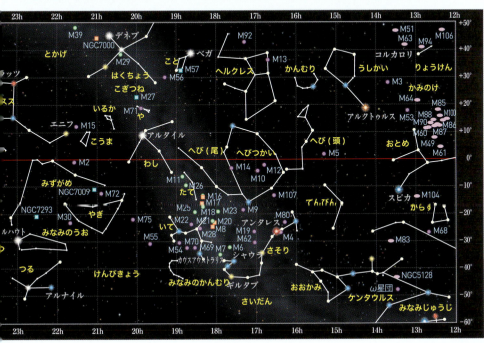

散光星雲（Diffuse Nebula）

　宇宙に漂う星間ガスが光って見えている天体です。多くの散光星雲は独特の赤い色をしており、これは、水素原子が励起*2して発する色です。散光星雲は恒星が誕生する領域でもあります。星間ガスが光っていないと肉眼では見えません。写真でもその領域が穴が開いたように暗くなりこれを暗黒星雲と呼びます。
　散光星雲の放つ赤い光は、暗所に順応した肉眼には感度が低いために観察しづらくなります。月明かりのない透明度の良い夜に観察したい対象です。

●M8、M20　干潟星雲と三裂星雲

> **M8**　視直径60'×35'／等級6.0／いて座
> **M20**　視直径29'×27'／等級9.0／いて座

　M8は、いて座にある大型の散光星雲で、夏の銀河の中に肉眼でも存在がわかります。干潟（ラグーン）星雲の愛称があります。
　M20は、M8のすぐ北側にある小型の散光星雲です。写真では暗黒帯が星雲を引き裂いているように見えるため、三裂星雲の愛称があります。暗黒帯は望遠鏡による眼視でも空の状態が良ければ認められます。
　写真で見る散光星雲の赤い色は水素の放つ特有の色ですが、暗順応した人間の目は色彩に疎くなるため、無色透明のベールのように見えます。

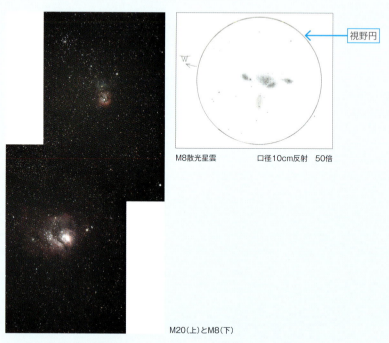

M8散光星雲　　　口径10cm反射　50倍

M20(上)とM8(下)

*2　励起：原子や分子が外部からエネルギーを受けて、より高いエネルギー状態に移行すること。

●M16　わし星雲

> 視直径35'×28'／等級7.0／へび座

　M16は、散光星雲と小型の散開星団が重なっています。散開星団はよくわかり、その周りにほんのりと光のベールが取り巻いているのが星雲です。恒星が誕生しつつある領域としてよく知られています。ハッブル宇宙望遠鏡が初期に観測し、その姿から「わし星雲」という愛称が広まりましたが、小型の望遠鏡ではそのイメージはわかりません。

 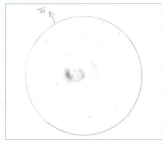

口径10cm反射　25倍

●M17　スワン星雲

> 視直径46'×37'／等級6.0／いて座

　たて座との境界に近い、いて座の散光星雲です。形状が複雑で「スワン星雲」「オメガ星雲」等の多くの愛称があります。「スワン」は湖面を泳ぐ白鳥の姿から、「オメガ」はギリシャ文字Ωからの連想とされます。月夜では急に見えづらくなるので、透明度の良い月のない夜に観察しましょう。写真は北を上にしていますが、逆さまにすると湖面を泳ぐ白鳥（スワン）のように見えます。

 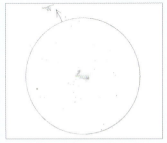

口径10cm反射　50倍

●NGC7000　北アメリカ星雲

視直径120'×100'／はくちょう座

本書に掲載する散光星雲では、この北アメリカ星雲とバラ星雲は、望遠鏡の対象とはならない天体です。写真で北アメリカ大陸の形状に写るためにこの愛称があります。1等星デネブのすぐ東側にある大型の星雲です。天の川がくっきりと見える条件のときには、注意深く観察すると、肉眼でその存在がわかります。望遠鏡では、拡散して輝度が弱くなり見ることができません。

撮影：田名瀬良一（三重県伊賀市）

●M42　オリオン座の大星雲

視直径66'×60'／等級4.0／オリオン座

オリオン座の大星雲(M42)は代表的な散光星雲です。M42は全天でも最も見事な散光星雲とされ、肉眼でもその部分がにじんでいるように見えます。望遠鏡で見ると鳥が大きく羽を広げているような形をしています。星雲の中心部には、トラペジウムと名付けられた四重星があります。ベール状の星雲と併せて観察しましょう。

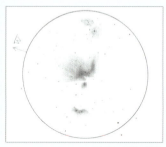

口径10cm反射　25倍

●M78

視直径8'×6'／等級8.3／オリオン座

オリオン座の中心近くにある散光星雲です。それほど顕著な天体とは言い難いのですが、この星雲を見たいという声はとても多いです。ウルトラマンの故郷はM78星雲という設定で知名度は抜群です。淡い星雲のため、月明かりのない夜に低倍率で観察しましょう。北端部に2つの星が並んでいるのが特徴です。

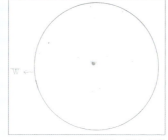

口径10cm反射　25倍

●NGC2237-9、NGC2246　バラ星雲

視直径64'×61'／いっかくじゅう座

　オリオン座の東隣のいっかくじゅう座にあります。写真で見事なバラの花の形状に写るとても大型の散光星雲です。大きく拡散しているため望遠鏡の対象になりません。中心部に特徴的な星の配列をした小型の散開星団NGC2244があり、写真の写野を決める目安となります。北アメリカ星雲同様に、冬の天の川がよく見える空の状態の良好な時には肉眼で存在がわかります。

　いっかくじゅう座は、明るい恒星に乏しく星座としては貧弱な印象がありますが、バラ星雲をはじめ、星雲星団や重星はとても豊富な領域です。

惑星状星雲（Planetary Nebula）

　太陽と同程度の質量の恒星が寿命を終えたときに、周囲に表層のガスを放出した天体です。多くの惑星状星雲は丸い形状をしていることからこのように呼ばれます。惑星状星雲の光は、人間の眼の感度が高い黄や緑の波長が多く含まれており、星表の等級以上にしっかり見えます。散光星雲よりも月明かりに耐えて観察することができます。視直径の小さい天体が多く、恒星状に見える天体もありますが、それらは高倍率で観察してみましょう。

　現在も膨張し続けており、数万年の後には宇宙に拡散し消滅します。私たちの太陽も50億年後には惑星状星雲になると考えられています。

 M1（かに星雲）は超新星爆発の残骸ですが、本書では惑星状星雲に分類しました。

●NGC3242　木星状星雲

視直径0.7'×0.6'／等級9.0／うみへび座

うみへび座にある明るく見やすい惑星状星雲です。M（メシエ）番号はついていませんが、この種の天体の中ではとても明瞭です。しかし、中の構造はほとんど認められず、まるでピントのぼけた恒星のように見えます。楕円形状で大きさも木星とほぼ同じことから「木星状星雲」の愛称があります。

●M27　アレイ状星雲

視直径8.0'×4.0'／等級7.4／こぎつね座

こぎつね座にある全天でも屈指の惑星状星雲です。蝶が羽を広げたような特徴的な形状をしている美しい天体です。欧米では「ダンベル星雲」と愛称されることから、日本では「アレイ状星雲」の通称があります。夏の天の川の中にあり、視野の中は微光星がいっぱいです。小望遠鏡でも見やすく、大型の望遠鏡では中の構造も見えてきます。愛好家に人気のある天体です。

 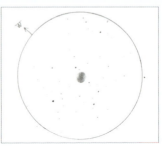

口径12.5cm反射　36倍

●M57　リング状星雲

視直径1.4'×1.0'／等級8.8／こと座

こと座にあるよく知られた惑星状星雲です。β星とγ星の中間にあり、小型の天体なので望遠鏡のファインダーでは見逃してしまうかもしれません。いったん視野に入れば、たいへん明瞭なリング状の星雲だとわかります。その形状から「リング状星雲」「環状星雲」「ドーナツ星雲」などの愛称があります。木星より若干大きな視直径となる小型の天体です。倍率を上げてもよく耐えて見やすいです。図鑑などにもよく採用され人気が高い星雲です。

口径10cm反射　100倍

● NGC7009　土星状星雲

視直径0.7'×0.4'／等級8.4／みずがめ座

　みずがめ座にある小型の惑星状星雲です。輝度が高いために、透明度の悪い夜でも意外に見やすい天体です。紡錘型の形状で土星のように見えることから「土星状星雲」の愛称があります。小型のため、ファインダーや低倍率では恒星と見間違えそうです。存在を見つけたら、高倍率をかけて観察しましょう。

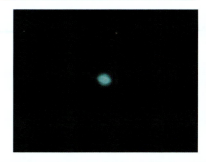

● M1　かに星雲

視直径6.0'×4.0'／等級8.4／おうし座

　おうし座の角の先にある超新星残骸です。本書では惑星状星雲に分類しました。1054年に起こった超新星爆発によりできました。写真ではカニの甲羅のように見えることから「かに星雲」の愛称があります。しかし、眼視的にはカニというよりも菱形か佐渡ヶ島のような形に見えます。

　のちに、かに星雲となった超新星は、日本の明月記（藤原定家）や中国の宋史に記録されています。

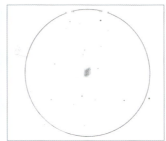

口径10cm反射　50倍

● NGC2392　エスキモー星雲

視直径0.8'×0.7'／等級8.3／ふたご座

ふたご座にある小型だが明るい惑星状星雲です。すぐ近傍に7等星があり、低倍率では感覚の広い二重星のように見えます。星雲の方はぼやけていて円盤状に見えるのですぐに区別はつきます。大型望遠鏡の写真で、毛皮を被ったエスキモーの顔に似ていることからこの愛称がつきました。ぜひ高倍率をかけて観察してください。

散開星団（Open Cluster）

数10～数1000個の恒星の集団です。恒星は集団を作って誕生することが多く、散開星団は比較的若い恒星の集まりです。バラバラと星を散りばめたように見えることから「散開」と呼ばれます。

多くの散開星団は天の川に沿って分布しており、夏と冬の夜空に数多く観察できます。プレヤデス星団をはじめ双眼鏡でも楽しめる大型の天体も多くあります。また、大型の散開星団は、月明かりの夜でも観察することができます。球状星団と比べて個性の豊かな天体が多いのも特徴です。

● M44　プレセペ星団

視直径95'／等級3.7／かに座

プレセペ星団はかに座にある大型の散開星団です。かに座の甲羅の位置に、肉眼でもぼんやりとした姿を認めることができます。その存在は古代から知られていました。双眼鏡や望遠鏡の低倍率での好対象となります。プレセペとは「飼い葉桶」の意味です。別の愛称では「ビーハイブ」とも呼ばれ、こちらは「蜂の巣」という意味になります。

●M6、M7

M6 視直径25'／等級5.3／さそり座
M7 視直径60'／等級4.1／さそり座

　さそり座の尾の先にある大型の散開星団です。南側のより大型の星団がM7です。肉眼でも存在がわかり、双眼鏡での観察が適しています。星団の周囲も夏の天の川の中にあって、微光星にあふれています。夏の天の川の中は、M6、M7の他にも多数の美しい星雲星団がいっぱいあります。

M6（右上）とM7（左下）

●M11　野鴨星団

視直径10'／等級6.3／たて座

　たて座にある密集した散開星団です。散開星団の中でも最も高い密集度です。ファインダーでは星雲状に見えます。望遠鏡の視野に微光星がひしめく見事な星団です。鴨が群れているように見えるため「野鴨星団」とも呼ばれます。天の川の中にあるため星団の周辺もとてもにぎやかです。

 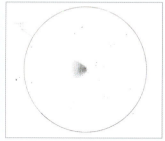

口径10cm反射　50倍

●ペルセウス座h-χ 二重星団

> **h** 視直径36'／等級4.4／ペルセウス座
> **χ** 視直径36'／等級4.7／ペルセウス座

カシオペヤ座との境界に近いペルセウス座にある見事な散開星団のペアです。それぞれ、恒星の番号としてh（エイチ）、χ（カイ）が与えられており、h-χ星団とも呼ばれます。肉眼でも容易に存在が認められます。双眼鏡や望遠鏡の低倍率で大粒の恒星が多数集まっている様子が見事な眺めです。秋の天の川の中にあり、周辺も微星であふれています。標準から広角レンズで撮影すると、天の川の濃くなったところのように写ります。

●M45 すばる／プレヤデス星団

> 視直径100'／等級1.6／おうし座

おうし座にあるプレヤデス星団（M45）は、日本では「すばる」とも呼ばれる美しい星の集団です。肉眼でも6〜7の星を数えることができます。双眼鏡や望遠鏡の低倍率での好対象です。星の周りがにじんで見えるのは、星を取り囲む星間ガスが星に照らされているためです。

随筆枕草子には、「星はすばる」と謳われています。肉眼でも望遠鏡でも美しい星団です。

●M35

> 視直径40'／等級5.3／ふたご座

ふたご座の足元にある大型の散開星団で冬の天の川の中にあります。星粒が明るく双眼鏡でも観察することができます。冬の銀河には多数の散開星団がありますが、それらの中でも屈指の見事な星団です。双眼鏡でも十分に美しく観察できます。望遠鏡では低倍率で観察しましょう。

●M36、M37、M38

M36	視直径12'／等級6.3／ぎょしゃ座
M37	視直径20'／等級6.2／ぎょしゃ座
M38	視直径20'／等級7.4／ぎょしゃ座

　ぎょしゃ座には、M（メシエ）番号の付いた散開星団が3つあります。いずれも大型で美しい星団です。双眼鏡でも星雲状に見えて楽しめます。冬の天の川の中で、付近は微光星であふれています。

左からM37、M36、M38　　　　　M37散開星団　　口径10cm反射　25倍

●M46、M47

| M46 | 視直径24'／等級6.0／とも座 |
| M47 | 視直径25'／等級5.2／とも座 |

　とも座にある近接した大型の散開星団です。双眼鏡でも楽しめます。冬の天の川の中にあり、星団の周囲も微光星であふれます。東側のM46はおびただしい微光星が密集していて双眼鏡では星雲状に見えます。対照的に、M47は大粒の恒星の集団で、M46とのコントラストを楽しめます。

　M46の中には小さな惑星状星雲NGC2438があります。見るには中口径以上の望遠鏡の対象になります。

撮影：田名瀬良一（三重県伊賀市）

球状星団(Globular Cluster)

　数10万～数100万個もの恒星の大集団です。宇宙の誕生から間もない時期に誕生した星団と考えられており、非常に年老いた恒星の集団です。星団の重力に束縛されて球状に集まっています。

　球状星団は銀河系の中心に多く分布しているために、銀河中心方向のある夏の夜空に多数観察できます。遠方にある星団が多く、低倍率では星雲状に見えることがあります。大多数の球状星団は、小口径の望遠鏡では中心部の星は分離できません。

●M3

> 視直径9.8'／等級6.4／りょうけん座

　春の夜空に球状星団は少ないですが、このM3は突出して大型の天体です。月明かり下でも耐えて見やすく、春の観望会では重宝します。うしかい座の境界に近いりょうけん座にありますが、探すときにはうしかい座からの方が星の並びを追いかけやすいです。中高倍率では周辺部が星に分離してきます。小口径の望遠鏡でも好対象です。中口径では微光星の集団とわかり、まるで星のおにぎりです。

●ケンタウルス座ω　オメガ星団

> 視直径23'／等級3.0／ケンタウルス座

　恒星としての番号ω(オメガ)がつけられた、ケンタウルス座にある全天で最大の球状星団。1000万個もの恒星の大集団で、望遠鏡で楕円形のぼんやりした姿が容易にわかります。おとめ座のスピカの真南にあります。スピカが南中したらω星団の観察の好期です。南天に低く観察可能な時間帯が短いので、低空まで晴れ上がった夜にはまずこの星団を観察しましょう。

撮影：上野裕司(鹿児島県与論島)

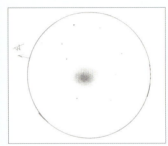

口径10cm反射　50倍

●M13

視直径10.0'／等級5.7／ヘルクレス座

　ヘルクレス座にある代表的な球状星団で、肉眼でも存在を認めることができます。実態は数十万個もの恒星の大集団です。小望遠鏡では、2つの6等星に挟まれて、ぼんやりとザラザラした丸い姿が印象的に観察できます。北半球では最大の球状星団です。均整の取れた美しい星団としても知られます。

 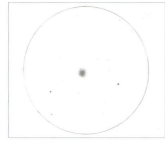

口径10cm反射　50倍

●M4

視直径14.0'／等級6.4／さそり座

　さそり座のアンタレスの近傍にある大型の球状星団です。探しやすい位置にあります。双眼鏡でも観察できます。球状星団としては星の密度はまばらで、小口径の望遠鏡でも中心付近まで恒星に分離できます。写真にも写しやすい星団です。

 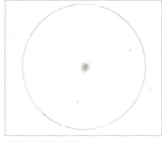

口径10cm反射　50倍

●M22

視直径**17.3'**／等級**5.1**／いて座

　いて座にある大型の球状星団です。球状星団はいて座を中心に数多く存在しますが、M22はそれらの中でも最大級の天体です。その素晴らしさから、よくM13（ヘルクレス座）と比較されます。大きな視直径と、球状星団としてはやや拡散気味の星の大集合体です。標準レンズで写真を撮影すると、その位置には恒星があるように写ります。

●M2

視直径**8.2'**／等級**6.3**／みずがめ座

　みずがめ座にある大型の球状星団です。形状のバランスの良い素晴らしい星団です。秋の夜空は星数が少なく、望遠鏡の視野内では背景の暗黒にM2が浮き上がって見えます。この時期に見やすい球状星団としては、M15もあります。M2に近いので、続けて観察してみましょう。

 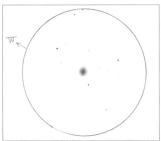

口径12.5cm反射　80倍

●M15

視直径**7.4'**／等級**6.2**／ペガスス座

　ペガスス座の鼻先にある球状星団です。M2星団と並んで秋を代表する球状星団です。大きさ明るさともM2によく似ています。M2と比べると、星の中心部への集中が高く、輝きが鋭い印象があります。中心部は大型の望遠鏡でも恒星に分離することは難しいです。球状星団の見本ともいえるような均整の良い美しい星団です。

●M79

視直径3.2'／等級7.7／うさぎ座

うさぎ座の球状星団です。球状星団としては特に明るい対象とは言えません。冬に見られる球状星団としては珍しく、小望遠鏡の対象となるので掲載しました。小型で控えめな明るさの天体です。

系外銀河（Galaxy）

星雲星団は、私たちの天の川銀河の中に部品のように存在する天体ですが、銀河は天の川銀河の外に存在する、いわば隣の宇宙ともいうべき大規模の天体です。これらが、銀河系内の星々の間から姿を見せています。系外銀河は、楕円銀河、渦巻銀河等に分類されます。かつては星雲と混同されていた時期もあり、現在でも広義で星雲と呼ぶこともあります。

天の川に沿った領域は、恒星や星間のダストが多く、銀河系の外の見通しが悪くなります。春と秋は、天の川による遮蔽が少ない季節であるために、系外銀河を多数見られます。系外銀河は淡い光芒の天体がほとんどで、月明かりや透明度の悪い夜には観察不向きな天体です。

●M51　子持ち銀河

視直径11'×7'／等級8.4／りょうけん座

北斗七星の柄の先に近いりょうけん座にある系外銀河です。大型の渦巻銀河に不定形の銀河が合体しているため「子持ち銀河」の愛称があります。比較的明るいので小口径の望遠鏡でも楽しめる対象ですが、渦巻の腕を観察するには中口径以上の望遠鏡が必要です。

りょうけん座の天体ですが、北斗七星の柄の先η星からの方が探しやすいです。

 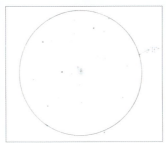

口径10cm反射　25倍

●M101　回転花火銀河

視直径29'×27'／等級7.9／おおぐま座

　M101銀河は、北斗七星の柄の部分に近くにある大型の渦巻銀河です。渦巻き状の姿から「回転花火銀河（Pinwheel Galaxy）」の愛称があります。中心部は小口径の望遠鏡でもよくわかりますが、腕の部分は淡いです。月明かりのない夜に低倍率で観察しましょう。
　写真は渦巻銀河を軸方向から見た状態です。約2000万光年の遠方にあります。

撮影：上田聡（鹿児島県天体写真協会）　　　　口径10cm反射　25倍

●M81、M82

M81　視直径27'×14'／等級6.9／おおぐま座
M82　視直径11'×4'／等級8.4／おおぐま座

　おおぐま座の北西部にある明るい系外銀河のペアです。銀河としては明るい天体で、小望遠鏡でも観察できます。両銀河はハの字に並んでいて、30倍程度の低倍率で同一視野に収まる様子を楽しめます。M81の方が大型で典型的な渦巻銀河です。M82は眼視では細長く見えますが、中心部が複雑に入り込んだ不規則銀河です。

 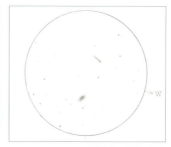

M81(左)、M82(右)。撮影：田名瀬良一(三重県伊賀市)　　口径10cm反射　25倍

●M104　ソンブレロ銀河

> 視直径9'×4' ／等級8.0／おとめ座

　からす座との境界付近のおとめ座にある系外銀河です。渦巻銀河を横から見た様子で、見かけからソンブレロ（メキシコのつば広の帽子）銀河の愛称があります。20〜30cm口径以上の望遠鏡では、銀河を横切る暗黒帯も認められます。

　比較的明るいので小口径の望遠鏡でも楽しめる対象です。おとめ座の天体ですが、からす座δ星からの方が探しやすいです。すぐ近くにある特徴のある三重星が目印となります。

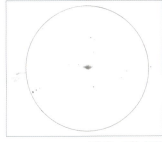

口径10cm反射　50倍

●M65、M66、NGC3628

> | M65 | 視直径7.8'×1.5' ／等級9.3／しし座 |
> |---|---|
> | M66 | 視直径8.0'×2.5' ／等級8.9／しし座 |
> | NGC3628 | 視直径12.0'×1.5' ／等級10.9／しし座 |

　しし座の後ろ足付近にある系外銀河です。M65、M66ともに銀河としては比較的大型ですが、口径10cm以上の低倍率で観察しましょう。M65、M66のすぐ北にはスーッと長く伸びたNGC3628銀河があり、こちらはやや暗めのため、透明度の良い夜に観察してください。30倍くらいの低倍率で3銀河が一度に視野に入ります。

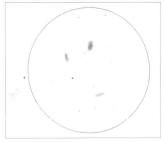

口径10cm反射　25倍

M66(左)、M65(右)、NGC3628(上)

●M64　黒眼銀河

視直径10'×5'／等級8.5／かみのけ座

　かみのけ座にある渦巻状銀河です。中心の北側に暗黒帯があり、その様子から「黒眼銀河」の愛称があります。おとめ座からかみのけ座には多数の銀河がありますが、M64は比較的明るく観察しやすいです。月明かりのない夜に観察しましょう。

●M31　アンドロメダ座の大銀河

視直径191'×62'／等級3.4／アンドロメダ座

　アンドロメダ座にある、私たちの天の川銀河のお隣にある大銀河としてよく知られています。"お隣"とはいえ、その距離240万光年と、とてつもなく遠方の存在です。暗夜には肉眼でもぼんやりと細長い姿が楽に認められます。肉眼で見える最遠の天体でもあります。双眼鏡や望遠鏡で観察してみましょう。

　写真のように恒星に分離してみることはかなり難しいですが、渦巻きの濃淡や、伴銀河M32、M110も見つけられるでしょう。

 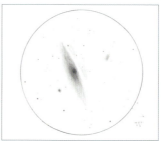

口径10cm反射　25倍

●M33

> 視直径71'×42'／等級5.7／さんかく座

　さんかく座にある大型の系外銀河です。近くにはアンドロメダ座の大銀河(M31)がありますが、これらは我々の天の川銀河と銀河団をなすメンバーです。淡く広がっているため、望遠鏡では背景に溶けてしまいがちで、意外と観察しづらいでしょう。低倍率や双眼鏡での観察がお勧めです。写真にはよく写ります。

撮影：田名瀬良一（三重県伊賀市）

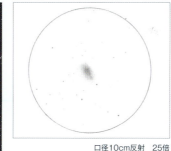
口径10cm反射　25倍

●NGC253

> 視直径24.6'×4.5'／等級8.0／ちょうこくしつ座

　ちょうこくしつ座とくじら座の境界にある大型で明るい銀河です。M(メシエ)番号こそついていませんが、秋を代表する銀河のひとつです。南方に低いので、くじら座が南中している頃に探してみましょう。

　ちょうこくしつ座付近は、銀河系内のチリが少なく、遠くを見通せるために、遠方の銀河が多く見られます。低倍率の視野でアンドロメダ座の大銀河(M31)を小型にしたように見えます。

▼ 主な星雲・星団・銀河の一覧

メシエ番号	NGC番号	赤経 (h m)	赤緯 (° ')	視直径 (')	等級	星座	分類	愛称 等
M1	1952	05 34.5	+22 01	6.0×4.0	8.4	おうし	超新星残骸	かに星雲
M2	7089	21 33.5	−00 49	8.2	6.3	みずがめ	球状	
M3	5272	13 42.2	+28 23	9.8	6.4	りょうけん	球状	
M4	6121	16 23.6	−26 32	14.0	6.4	さそり	球状	
M5	5904	15 18.6	+02 05	12.7	5.6	へび	球状	
M6	6405	17 40.1	−32 13	25	5.3	さそり	散開	
M7	6475	17 53.9	−34 49	60	4.1	さそり	散開	
M8	6523	18 03.8	−24 23	60×35	6.0	いて	散光	干潟星雲
M9	6333	17 9.2	−18 31	2.4	7.7	へびつかい	球状	
M10	6254	16 57.1	−04 06	8.2	6.6	へびつかい	球状	
M11	6705	18 51.1	−06 16	10	6.3	たて	散開	野鴨星団
M12	6218	16 47.2	−01 57	9.3	6.7	へびつかい	球状	
M13	6205	16 41.7	+36 28	10.0	5.7	ヘルクレス	球状	
M14	6402	16 41.7	+36 28	3.0	7.6	へびつかい	球状	
M15	7078	21 30.0	+12 10	7.4	6.2	ペガスス	球状	
M16	6611	18 18.8	−13 47	35×28	7.0	へび	散光と散開	わし星雲
M17	6618	18 20.8	−16 11	46×37	6.0	いて	散光	スワン星雲、オメガ星雲
M18	6613	18 19.9	−17 08	12	7.5	いて	散開	
M19	6273	17 02.6	−26 16	4.3	6.8	へびつかい	球状	
M20	6514	18 02.6	−23 02	29×27	9.0	いて	散光	三裂星雲
M21	6531	18 04.6	−22 30	21	6.5	いて	散開	
M22	6656	18 36.4	−23 54	17.3	5.1	いて	球状	
M23	6494	17 56.8	−19 01	25	6.9	いて	散開	
M24	6603	18 16.9	−18 29	4	4.6	いて	散開	
M25	IC 4725	18 31.6	−19 15	40	6.5	いて	散開	
M26	6694	18 45.2	−09 24	9	8.0	たて	散開	
M27	6853	19 59.6	+22 43	8.0×4.0	7.4	こぎつね	惑星状	アレイ状星雲
M28	6626	18 24.5	−24 52	4.7	6.8	いて	球状	
M29	6913	20 23.9	+38 32	12	7.1	はくちょう	散開	
M30	7099	21 40.4	−23 11	5.7	7.2	やぎ	球状	
M31	224	00 42.7	+41 16	191×62	3.4	アンドロメダ	銀河	アンドロメダ座大銀河
M32	221	00 42.7	+40 52	9×7	8.1	アンドロメダ	銀河	M31の伴銀河
M33	598	01 33.9	+30 39	71×42	5.7	さんかく	銀河	
M34	1039	02 42.0	+42 47	18	5.5	ペルセウス	散開	
M35	2168	06 08.9	+24 20	40	5.3	ふたご	散開	
M36	1960	05 36.1	+34 08	12	6.3	ぎょしゃ	散開	
M37	2099	05 52.4	+32 33	20	6.2	ぎょしゃ	散開	
M38	1912	05 28.4	+35 50	20	7.4	ぎょしゃ	散開	
M39	7092	21 32.2	+48 26	30	4.6	はくちょう	散開	
M41	2287	06 46.0	−20 44	30	4.6	おおいぬ	散開	
M42	1976	05 35.4	−05 27	66×60	4.0	オリオン	散光	オリオン座大星雲
M43	1982	05 35.6	−05 16	20×15	9.0	オリオン	散光	
M44	2632	08 40.1	+19 59	95	3.7	かに	散開	プレセペ星団 ビーハイブ星団

※赤経赤緯は2000年分点の位置。

メシエ番号	NGC番号	赤経 (h m)	赤緯 (° ′)	視直径 (′)	等級	星座	分類	愛称 等
M45		03 47.0	+24 07	100	1.6	おうし	散開	プレヤデス星団 すばる
M46	2437	07 41.8	−14 49	24	6.0	とも	散開	
M47	2422	07 36.6	−14 30	25	5.2	とも	散開	
M48	2548	08 13.8	−05 48	30	5.5	うみへび	散開	
M49	4472	12 29.8	+08 00	10×8	8.4	おとめ	銀河	
M50	2323	07 03.2	−08 20	16	6.3	いっかくじゅう	散開	
M51	5194 5915	13 29.9	+47 12	11×7	8.4	りょうけん	銀河	子持ち銀河
M52	7654	23 24.2	+61 35	12	7.3	カシオペヤ	散開	
M53	5024	13 12.9	+18 10	3.3	7.6	かみのけ	球状	
M54	6715	18 55.1	−30 29	2.1	7.6	いて	球状	
M55	6809	19 40.0	−30 58	10.0	6.3	いて	球状	
M56	6779	19 16.6	+30 11	5.0	8.3	こと	球状	
M57	6720	18 53.6	+33 02	1.4×1.0	8.8	こと	惑星状	リング状星雲
M58	4579	12 37.7	+11 49	4.4×3.5	9.7	おとめ	銀河	
M59	4621	12 42.0	+11 39	2.7×1.6	9.6	おとめ	銀河	
M60	4649	12 43.7	+11 33	7×6	8.8	おとめ	銀河	
M61	4303	12 21.9	+04 28	5.6×5.3	9.7	おとめ	銀河	
M62	6266	17 01.2	−30 07	4.3	6.5	へびつかい	球状	
M63	5055	13 15.8	+42 02	13×7	8.6	りょうけん	銀河	
M64	4826	12 56.7	+21 41	10×5	8.5	かみのけ	銀河	黒眼銀河
M65	3623	11 18.9	+13 05	7.8×1.5	9.3	しし	銀河	
M66	3627	11 20.2	+12 59	8.0×2.5	8.9	しし	銀河	
M67	2682	08 50.4	+11 49	15	6.1	かに	散開	
M68	4590	12 39.5	−26 45	2.9	7.8	うみへび	球状	
M69	6637	18 31.4	−32 21	2.8	7.6	いて	球状	
M70	6681	18 43.2	−32 18	2.5	7.9	いて	球状	
M71	6838	19 53.8	+18 47	6.1	8.2	や	球状	
M72	6981	20 53.5	−12 32	2.0	9.3	みずがめ	球状	
M74	628	01 36.7	+15 47	11×10	9.4	うお	銀河	
M75	6864	20 06.1	−21 55	1.9	8.5	いて	球状	
M76	650 651	01 42.4	+51 34	2.6×1.5	10.1	ペルセウス	惑星状	小アレイ状星雲
M77	1068	02 42.7	−00 01	7×6	8.9	くじら	銀河	
M78	2068	05 46.7	+00 03	8×6	8.3	オリオン	散光	
M79	1904	05 24.5	−24 33	3.2	7.7	うさぎ	球状	
M80	6093	16 17.0	−22 59	3.3	7.3	さそり	球状	
M81	3031	09 55.6	+69 04	27×14	6.9	おおぐま	銀河	
M82	3034	09 55.8	+69 41	11×4	8.4	おおぐま	銀河	
M83	5236	13 37.0	−29 52	13×12	7.6	うみへび	銀河	
M84	4374	12 25.1	+12 53	1.6×1.4	9.1	おとめ	銀河	
M85	4382	12 25.4	+18 11	7×6	9.1	かみのけ	銀河	
M86	4406	12 26.2	+12 57	9×6	8.9	おとめ	銀河	
M87	4486	12 30.8	+12 24	8×7	8.6	おとめ	銀河	
M88	4501	12 32.0	+14 25	5.5×2.4	9.6	かみのけ	銀河	
M89	4552	12 35.7	+12 33	1.3×1.3	9.8	おとめ	銀河	
M90	4569	12 36.8	+13 10	7.5×2.2	9.5	おとめ	銀河	

※赤経赤緯は2000年分点の位置である。

メシエ番号	NGC番号	赤経 (h m)	赤緯 (° ′)	視直径 (′)	等級	星座	分類	愛称 等
M91	4548	12 35.4	+14 30	5.0×4.1	10.2	かみのけ	銀河	
M92	6341	17 17.1	+43 08	8.3	6.4	ヘルクレス	球状	
M93	2447	07 44.6	−23 52	25	6.0	とも	散開	
M94	4736	12 50.9	+41 07	11×9	8.2	りょうけん	銀河	
M95	3351	10 44.0	+11 42	6.1×3.9	9.7	しし	銀河	
M96	3368	10 46.8	+11 49	5.0×4.0	9.2	しし	銀河	
M97	3587	11 14.8	+55 01	3.4×3.3	9.9	おおぐま	惑星状	ふくろう星雲
M98	4192	12 13.8	+14 54	8.4×1.9	10.1	かみのけ	銀河	
M99	4254	12 18.8	+14 25	4.6×3.9	9.9	かみのけ	銀河	
M100	4321	12 22.9	+15 49	5.3×4.5	9.3	かみのけ	銀河	
M101	5457	14 03.2	+54 21	29×27	7.9	おおぐま	銀河	回転花火銀河
M103	581	01 33.2	+60 42	5	7.4	カシオペヤ	散開	
M104	4594	12 40.0	−11 37	9×4	8.0	おとめ	銀河	ソンブレロ銀河
M105	3379	10 48.6	+12 30	2.2×2.0	9.3	しし	銀河	
M106	4258	12 19.0	+47 18	19×7	8.4	りょうけん	銀河	
M107	6171	16 32.5	−13 03	2.2	7.9	へびつかい	球状	
M108	3556	11 11.5	+55 40	7.7×1.3	10.0	おおぐま	銀河	
M109	3992	11 57.6	+53 23	6.2×3.5	9.8	おおぐま	銀河	
M110	205	00 40.4	+41 41	20×10	8.5	アンドロメダ	銀河	M31の伴銀河
−	869	02 20.1	+57 12	36	4.4	ペルセウス	散開	二重星団 (h Per)
−	884	02 23.5	+57 10	36	4.7	ペルセウス	散開	二重星団 (χ Per)
−	Mel 25	04 20.4	+15 40	330	0.8	おうし	散開	ヒヤデス星団
−	5179	13 27.7	−47 22	23	3.0	ケンタウルス	球状	ω星団
−	2392	07 30.0	+20 52	0.8×0.7	8.3	ふたご	惑星状	エスキモー星雲
−	3242	10 25.5	−18 42	0.7×0.6	9.0	うみへび	惑星状	木星状星雲
−	7009	21 05.1	−11 18	0.7×0.4	8.4	みずがめ	惑星状	土星状星雲
−	7293	22 30.5	−20 43	15×12	6.5	みずがめ	惑星状	らせん星雲
−	2237−9	06 31.1	+05 02	64×61	−	いっかくじゅう	散光	バラ星雲
−	7000	21 02.3	+44 15	120×100	−	はくちょう	散光	北アメリカ星雲
−	253	00 48.3	−25 12	24.6×4.5	8.0	ちょうこくしつ	銀河	
−	5128	13 26.3	−43 05	10.0×8.0	7.8	ケンタウルス	銀河	ケンタウルスA

※赤経赤緯は2000年分点の位置。

M天体とは？

星雲星団には、「M45星団」のように「M」から始まる番号を多く見聞きします。このMは、「メシエ(Messier)」の頭文字で、フランスの天体観測家シャルル・メシエ(Charles Messier 1730-1817)に由来します。メシエは、フランス海軍天文台で新彗星の捜索に従事し、生涯に13個もの新彗星を発見しました。その際に、彗星と紛らわしい天体のリストを作ったものが「メシエカタログ」です。

メシエカタログは、本人の存命中だけでなく死後にも増補され、1～110番までの天体が登録されています(ただし、M91、M102は欠番。M40は重星)。

メシエの望遠鏡は5～7cmの小口径のもので、現在では、小口径でも見やすい星雲星団のリストとして広く愛されています。

▼ シャルル・メシエの肖像

多数の新彗星を発見したことから「彗星番人」とも呼ばれた。

レーマーによる光速度の測定

デンマークの天文学者オーレ・レーマー(Ole Roemer 1644-1710)は、木星の衛星イオの運動を研究して、光の速度を算出しました。イオなど木星の衛星は、公転するごとに木星の背後に隠れる食を起こします。ところが、この食の周期が徐々に長くなったり短くなったりすることが問題となっていました。レーマーは、この現象は光速が有限であるためと考え、地球と木星が近づきつつあるときには食の周期が短くなり、遠ざかるときには長くなるとして光速を算出したのです。求めた数値は21.43万km/s(実際の光速度は29.98万km/s)。当時としては画期的な成果でしたが、この発見が正しく評価されたのはレーマーの死後15年ほど後のことでした。なお、衛星の動きについてはP71を参照してください。

▼ オーレ・レーマーの肖像画

コペンハーゲン大学

5 天体観測入門

04 重星の観察

　重星とは、2つ以上の恒星がごく接近して見える天体です。重星には、たまたま同じ方向に見えている「見かけの重星」と、空間的にも近くにありお互いの重力の影響を受けて公転している「連星」があります。本書では、小口径でも観察しやすい重星を中心に掲載しました。

　星雲星団の観察は月夜や透明度の悪い夜には不向きですが、重星の観察はそのような悪条件でも比較的容易に観察することができます。色の異なるペアでは主星と伴星のコントラストを楽しめます。

　肉眼や望遠鏡で2点と見分けられる等光度の重星の離角の限界を分解能といいます。望遠鏡の分解能で一般的に使用される、ドーズの限界を以下に示します。

望遠鏡の口径(mm)	50	60	80	100	150	200	250	300	400	500
ドーズの限界(")	2.3	1.9	1.5	1.2	0.8	0.6	0.5	0.4	0.3	0.2

　実際には、気流や熟練度により、ドーズの限界よりも開いた重星でないと観察は困難ですが、どこまで観察可能か試してみるのも面白いでしょう。

 天体観測手帳では、週間カラー部にその時期に観察しやすい重星を紹介し、巻末には日本から見られる主な重星を網羅して掲載しています。

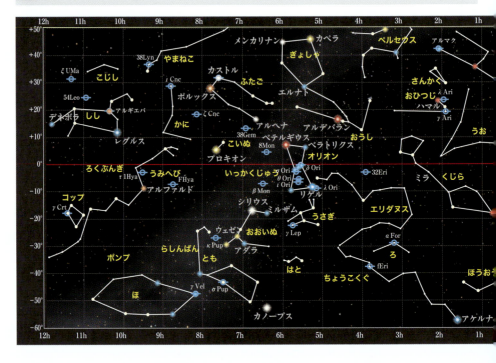

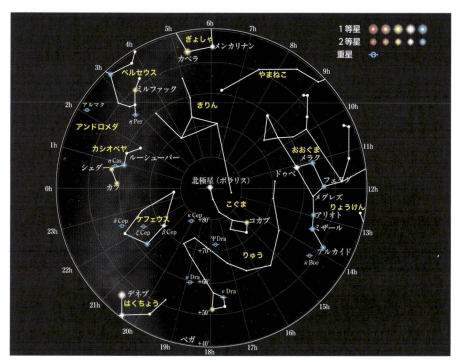

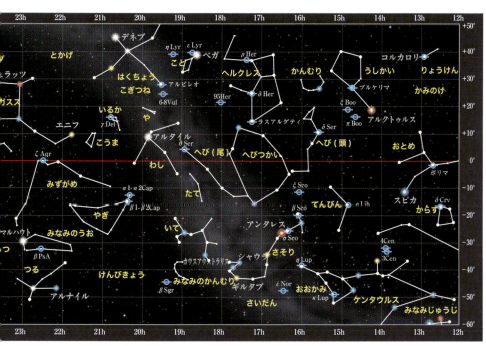

重星のデータの見方

重星には、位置角、離角、等級1、等級2のデータがあります。

位置角（PositionAngle）
主星を中心として伴星の位置を北から東回りに測定した角度。単位（°）

離角（Separation）
主星と伴星の間隔。単位（"）

等級1（mag1） 主星の等級
等級2（mag2） 伴星の等級

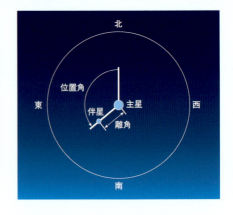

春の主な重星

● しし座 γ 星　アルギエバ

主星2.4等／伴星3.6等／位置角127°／離角4.6"

しし座の首元の2等星。大きさの異なる金色の美しいペアです。

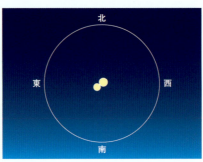

● かに座 ι(いおた) 星

主星4.1等／伴星6.0等／位置角308°／離角30.7"

かに座北端の4等星。黄色の主星と青色の伴星でカラーコントラストがとても美しいです。

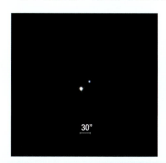
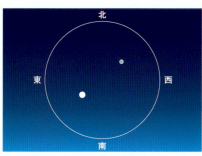

● りょうけん座 α(あるふぁ) 星　コルカロリ

主星2.9等／伴星5.5等／位置角229°／離角19.3"

主星は白色、伴星は青緑色で、色のコントラストが美しい二重星です。

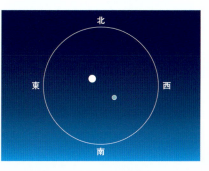

● おとめ座 γ 星　ポリマ

主星3.5等／伴星3.5等／位置角2°／離角2.6"

　おとめ座の中心部にある、よく知られた実視連星です。主星・伴星とも3.5等の等光度の連星系です。約170年の周期で公転しています。2005年には離角0.3"まで接近し、分離して見るためには口径50cm以上の望遠鏡が必要でしたが、2017年には離角2.6"まで開いてきており、口径10cmクラスの望遠鏡でも高倍率で観察できるようになってきました。分離には気流（シーイング）の良い夜にチャレンジしてみましょう。

 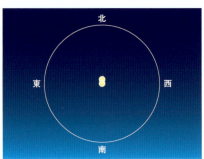

● おおぐま座 ζ 星　ミザールとアルコル

主星2.2等／伴星3.9等／位置角153°／離角14.3"

　ミザール（おおぐま座ζ星）は、北斗七星の尾の先から二番目の2等星です。すぐ脇に4等星アルコルがあり、ミザールとアルコルで肉眼的な二重星となっています。両者の離角は12'で月の視半径に相当し、通常の視力であれば見分けることができます。古代アラビアでは、兵役の際の視力検査に使われたとも伝わります。
　さらに、ミザールそのものは望遠鏡で観察しやすく、春の空の代表的な二重星です。白色のペアで、数千年の周期で公転する連星系となっています。

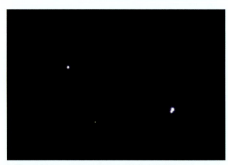 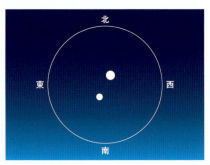

ミザール（右）とアルコル（左）は肉眼的な重星　　　ミザールは望遠鏡で観察しやすい重星

● かんむり座 ζ 星

主星5.0等／伴星5.9等／位置角306°／離角6.3"

鮮明なやや青みがかった白色同士の愛らしいペアで、観察しやすい重星です。

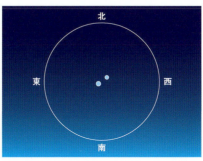

● かんむり座 σ 星

主星5.6等／伴星6.5等／位置角236°／離角7.0"

主星伴星とも黄色の観察しやすい重星です。

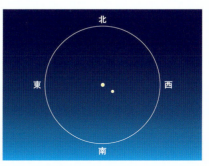

夏の主な重星

●ヘルクレス座 α 星　ラスアルゲティ

主星3.5等／伴星5.4等／位置角104°／離角4.8"

　ヘルクレス座の頭部に当たる赤色の3等星です。等級差のある主星は赤橙色、伴星は青色の美しいペアです。高倍率で観察しましょう。

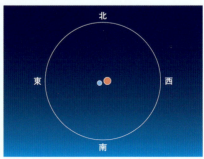

●さそり座 β 星

主星2.6等／伴星4.5等／位置角20°／離角13.6"

　さそり座の頭部にある明るい二重星です。白色と薄青のペアで見事です。小口径の望遠鏡でも低倍率から観察できます。

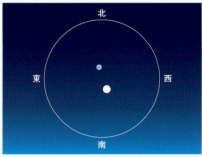

●へび座θ星

主星4.6等／伴星4.9等／位置角104°／離角22.3"

　へび座の尾の先端でわし座との境界に近いです。ほぼ等光度の白色のペアで、仲の良い双子のような印象です。夏の銀河の中で周囲には微光星があふれています。

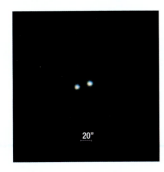
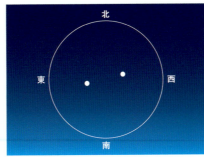

●はくちょう座β星　アルビレオ

主星3.4等／伴星4.7等／位置角55°／離角34.7"

　はくちょう座のくちばしに位置する最も有名な二重星のひとつです。主星はオレンジ色、伴星は深青色です。天上の宝石とも称されます。宮沢賢治は、童話「銀河鉄道の夜」の中で、「トパーズとサファイア」と表現しています。小望遠鏡の低倍率でも美しく観察できます。三脚に固定すれば、双眼鏡でも二重星であることがわかります。

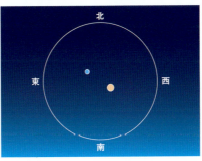

●こと座 ε 星　ダブルダブルスター

> ε1　主星5.0等／伴星6.1等／位置角352°／離角2.1"
> ε2　主星5.3等／伴星5.4等／位置角82°／離角2.4"
> 　　ε1とε2の位置角174°／離角210.5"

　二重星の主星と伴星がさらに二重星となっているユニークな重星です。ε1とε2は双眼鏡で見分けることができます。ε1とε2はそれぞれがよく似た二重星です。

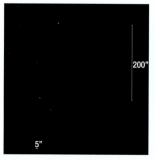 

ε1(上)とε2(下)は双眼鏡で観察しやすい重星

●りゅう座 ν 星

> 主星4.9等／伴星4.9等／位置角311°／離角63.4"

　りゅう座の頭部の恒星です。大きく開いた等光度のペアで、両星とも真珠色に輝きます。双眼鏡や望遠鏡の低倍率で美しく観察できます。

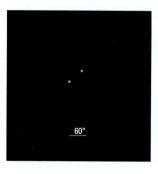 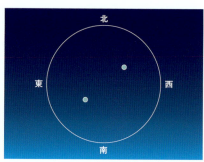

秋の主な重星

●いるか座γ星

主星4.4等／伴星5.0等／位置角266°／離角9.1"

やや大きさの異なる美しいペアです。両星ともオレンジ色で、低倍率ではかわいらしい雪だるまのような印象です。

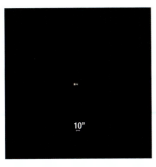
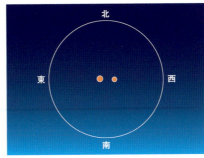

●アンドロメダ座γ星　アルマク

主星2.3等／伴星5.0等／位置角63°／離角9.7"

色の対比が絶品のペアで、オレンジ色の主星のすぐ近くに深青色の伴星が印象的です。アルビレオの離角を小さくしたような対象です。

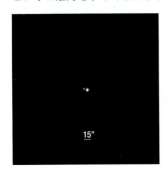
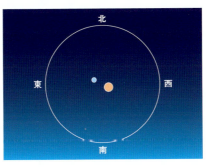

● おひつじ座 γ(ガンマ)星　ラムズアイ

主星4.5等／伴星4.6等／位置角0°／離角7.5"

「ラムズアイ（羊の眼）」とも呼ばれる等光度の美しい二重星です。両星とも白色で、ぴったりとくっついた仲の良い双子のようです。

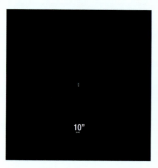

● ペルセウス座 η(エータ)星

主星3.8等／伴星8.5等／位置角301°／離角28.5"

明るいオレンジ色の主星と、深青色の小さな伴星とのペアです。両星の間隔は十分開いていて、小口径の低倍率から観察できる見やすい重星です。

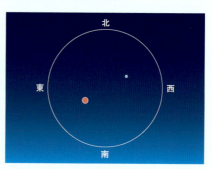

● ケフェウス座 δ(デルタ)星

主星3.5-4.4等／伴星6.1等／位置角191°／離角40.6"

主星は有名な変光星で3.5等から4.4等まで変光します。主星は黄色で、6等の伴星は深青色でコントラストが美しい離角の広いペアです。

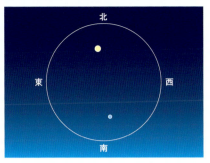

冬の主な重星

●オリオン座 θ星　トラペジウム

θA 6.6等／θB 7.5等／θC 5.1等／θD 6.4等

　オリオンの大星雲（M42）の中心部には、トラペジウムと名付けられた四重星があります。星雲の中から誕生したばかりの赤ちゃん星。ベール状の星雲と併せて観察しましょう。

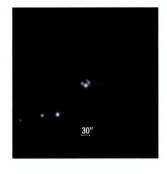

●オリオン座 β星　リゲル

主星0.3等／伴星6.8等／位置角204°／離角9.4"

　ギラギラと輝く主星は、冬の代表的な1等星として知られています。そのすぐ傍らにポチッと小さな伴星があります。離角は十分広いですが、大きな輝度差があるため、意外と見落とします。青白い主星と紫色の伴星のペアです。

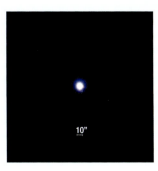
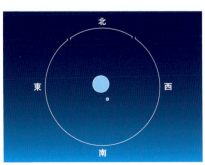

● いっかくじゅう座 β 星

主星A4.6等／伴星B5.0等／位置角133°／離角7.1"
伴星B5.0等／伴星C5.3等／位置角108°／離角2.9"

白色の三重星です。B星とC星の離角が小さいので、高倍率で観察しましょう。

 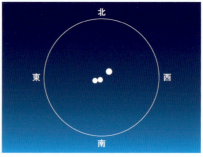

● ふたご座 α 星　カストル

主星1.9等／伴星3.0等／位置角62°／離角4.2"

銀色の輝星からなる見事なペアです。明るいために星像が大きく、シーイングによっては両星がつながって見えます。高倍率で観察しましょう。

 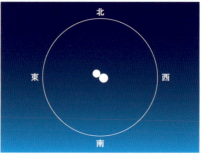

▼ 主な重星の一覧

星名	星座	赤経 (h m)	赤緯 (° ')	位置角 P.A.(°)	離角(")	等級1	等級2	備考
η Cas	カシオペヤ	00 49.1	+57 49	319	13.0	3.5	7.4	
γ Ari	おひつじ	01 53.5	+19 18	0	7.5	4.5	4.6	Ram's eyes
λ Ari	おひつじ	01 57.9	+23 36	47	36.7	4.8	6.7	
γ And	アンドロメダ	02 03.9	+42 20	63	9.7	2.3	5.0	アルマク
α UMi	こぐま	02 31.8	+89 16	233	18.6	2.1	9.1	北極星(ポラリス)
η Per	ペルセウス	02 50.7	+55 54	301	28.5	3.8	8.5	
α For	ろ	03 12.1	−28 59	299	4.8	4.0	7.2	
f Eri	エリダヌス	03 48.6	−37 37	217	8.4	4.7	5.3	
32 Eri	エリダヌス	03 54.3	−02 57	348	6.8	4.8	5.9	
β Ori	オリオン	05 14.5	−08 12	204	9.4	0.3	6.8	リゲル
δ Ori	オリオン	05 32.0	−00 18	0	52.8	2.4	6.8	
λ Ori	オリオン	05 35.1	+09 56	44	4.3	3.5	5.5	
ι Ori	オリオン	05 35.4	−05 55	141	11.3	2.9	7.0	
θ Ori AB / AC / CD	オリオン	05 35.3	−05 23	31 / 132 / 61	8.8 / 12.7 / 13.3	6.6 / 6.6 / 5.1	7.5 / 5.1 / 6.4	四重星
σ Ori AB-C / AB-D / AB-E	オリオン	05 38.7	−02 36	238 / 84 / 62	11.5 / 12.7 / 41.5	3.7 / 3.8 / 3.8	8.8 / 6.6 / 6.3	四重星
γ Lep	うさぎ	05 44.5	−22 27	350	96.9	3.6	6.3	
8 Mon	いっかくじゅう	06 23.8	+04 36	29	12.1	4.4	6.6	
β Mon AB / BC	いっかくじゅう	06 28.8	−07 02	133 / 108	7.1 / 2.9	4.6 / 5.0	5.0 / 5.3	三重星
38 Gem AB / AC	ふたご	06 54.6	+13 11	326 / 328	7.3 / 118.4	4.7 / 4.7	7.8 / 10.3	三重星
σ Pup	とも	07 29.2	−43 18	74	22.2	3.3	8.8	
α Gem	ふたご	07 34.6	+31 53	62	4.2	1.9	3.0	カストル
κ Pup	とも	07 38.8	−26 48	318	9.8	4.4	4.6	
γ Vel AB / AC / AD	ほ	08 09.5	−47 20	219 / 152 / 142	41.0 / 2.6 / 93.9	1.8 / 1.8 / 1.8	4.1 / 7.3 / 9.4	四重星
ζ Cnc AB / AB-C	かに	08 12.2	+17 39	61 / 72	0.9 / 5.9	5.3 / 5.1	6.3 / 6.2	三重星
F Hya	うみへび	08 43.7	−07 14	311	79.0	4.7	8.2	
ι Cnc	かに	08 46.7	+28 46	308	30.7	4.1	6.0	
38 Lyn	やまねこ	09 18.8	+36 48	226	2.6	3.9	6.1	
τ1 Hya	うみへび	09 29.1	−02 46	5	66.2	4.6	7.3	
γ Leo	しし	10 20.0	+19 50	127	4.6	2.4	3.6	アルギエバ
54 Leo	しし	10 55.0	+24 45	111	6.3	4.5	6.3	
α UMa	おおぐま	11 03.7	+61 45	204	381.0	2.0	7.0	ドゥベ
ξ UMa	おおぐま	11 18.2	+31 32	245	1.7	4.3	4.8	
γ Crt	コップ	11 24.6	−17 41	93	5.3	4.1	7.9	
δ Crv	からす	12 29.9	−16 31	217	24.9	3.0	8.5	
γ Vir	おとめ	12 41.7	−01 27	2	2.6	3.5	3.5	ポリマ
α CVn	りょうけん	12 56.0	+38 19	229	19.3	2.9	5.5	コルカロリ
ζ UMa	おおぐま	13 23.9	+54 56	153	14.3	2.2	3.9	ミザール
3 Cen	ケンタウルス	13 51.8	−33 00	106	7.9	4.5	6.0	

※赤経赤緯は2000年分点の位置。
※位置角(P.A.)は、主星を中心として伴星の位置を北から東回りに測定した角度。

星名	星座	赤経 (h m)	赤緯 (° ′)	位置角 P.A.(°)	離角(″)	等級1	等級2	備考
4 Cen	ケンタウルス	13 53.2	−13 56	185	14.8	4.7	8.5	
κ Boo	うしかい	14 13.5	+51 47	235	13.5	4.5	6.6	
π Boo	うしかい	14 40.7	+16 25	111	5.5	4.9	5.8	
ε Boo	うしかい	14 45.0	+27 04	343	2.9	2.6	4.8	プルケリマ
α Lib	てんびん	14 50.9	−16 03	315	231.0	2.7	5.2	
ξ Boo	うしかい	14 51.4	+19 06	315	6.3	4.8	7.0	
κ Lup	おおかみ	15 11.9	−48 44	143	26.5	3.8	5.5	Δ177
δ Ser	へび	15 34.8	+10 32	174	4.0	4.2	5.2	
ζ CrB	かんむり	15 39.4	+36 38	306	6.3	5.0	5.9	
η Lup	おおかみ	16 00.1	−38 24	19	14.8	3.4	7.5	
ξ Sco	さそり	16 04.4	−11 22	48	7.5	4.9	7.3	Σ1999
		16 04.4	−11 27	98	11.8	7.5	8.1	
β Sco	さそり	16 05.4	−19 48	20	13.6	2.6	4.5	
σ CrB	かんむり	16 14.7	+33 52	236	7.0	5.6	6.5	
σ Sco	さそり	16 21.2	−25 36	273	20.0	2.9	8.4	
ε Nor	じょうぎ	16 27.2	−47 33	334	22.8	4.5	6.1	
α Her	ヘルクレス	17 14.6	+14 23	104	4.8	3.5	5.4	ラスアルゲティ
δ Her	ヘルクレス	17 15.0	+24 50	282	11.0	3.1	8.3	
ρ Her	ヘルクレス	17 23.7	+37 09	319	4.1	4.5	5.4	
ν Dra	りゅう	17 32.2	+55 11	311	63.4	4.9	4.9	
ψ Dra	りゅう	17 41.9	+72 09	15	30.0	4.6	5.6	
95 Her	ヘルクレス	18 01.5	+21 36	257	6.3	4.9	5.2	
ε1-ε2 Lyr	こと	18 44.3	+39 40	174	210.5	5.0	5.3	ダブルダブル
ε1 Lyr				352	2.1	5.0	6.1	
ε2 Lyr				82	2.4	5.3	5.4	
o Dra	りゅう	18 51.2	+59 23	319	36.5	4.8	8.3	
θ Ser	へび	18 56.2	+04 12	104	22.3	4.6	4.9	
η Lyr	こと	19 13.8	+39 09	80	28.1	4.4	8.6	
β Sgr	いて	19 22.6	−44 28	76	28.6	4.0	7.2	
6-8 Vul	こぎつね	19 28.7	+24 40	30	424.5	4.6	5.9	
β Cyg	はくちょう	19 30.7	+27 58	55	34.7	3.4	4.7	アルビレオ
κ Cep	ケフェウス	20 08.9	+77 43	120	7.2	4.4	8.3	
α1 Cap	やぎ	20 17.6	−12 30	221	46.0	4.2	9.6	肉眼重星
α1-α2		20 18.1	−12 33	292	381.2	3.7	4.3	
β1-β2 Cap	やぎ	20 21.0	−14 47	267	207.0	3.2	6.1	
γ Del	いるか	20 46.7	+16 07	266	9.1	4.4	5.0	
β Cep	ケフェウス	21 28.7	+70 34	248	13.2	3.2	8.6	
ξ Cep	ケフェウス	22 03.8	+64 38	275	7.9	4.4	6.4	
ζ Aqr	みずがめ	22 28.8	−00 01	178	2.0	4.3	4.5	
δ Cep	ケフェウス	22 29.2	+58 25	191	40.6	4.2	6.1	
β PsA	みなみのうお	22 31.5	−32 21	173	30.4	4.3	7.1	

※赤経赤緯は2000年分点の位置。
※位置角(P.A.)は、主星を中心として伴星の位置を北から東回りに測定した角度。

05 人工天体

夜空にスーッと動いていく光点。数秒おきに点滅するものは飛行機ですが、点滅することなく、流れ星でもない飛行天体のほとんどは人工衛星です。日没から2時間程度、日出前2時間程度が観察のチャンスです。日没後や日出前の薄明時に、高い山の山頂に日照があるように、高度の高いところを飛行する人工衛星が太陽光に照らされているためです。

国際宇宙ステーション

人工衛星の中でも特に注目されるのは、国際宇宙ステーション(ISS／International Space Station)です。国際宇宙ステーションには日本も参加しており、「きぼう」という日本独自の実験棟も所有しています。現在では、頻繁に日本人の宇宙飛行士も滞在していることはよく知られている通りです。国際宇宙ステーションは、人工衛星の中では飛び抜けて巨大で、太陽電池パネルも含めるとサッカー競技場ほどもある宇宙建造物です。観察できる機会には、最も条件の良いときには金星のように明るくなります。

日本人宇宙飛行士が登場する機会には、国際宇宙ステーションの報道も多くなりますが、もちろんこの瞬間にも地球を周回しています。国際宇宙ステーションは、およそ90分で地球を周回していますので、日本の上空も一日に何度も通過していますが、昼間や深夜には見られないため、薄明の時間帯に上空を通過するときが観察のチャンスとなります。この予報はJAXAのホームページ「『きぼう』を見よう」に掲載されていますので、参考にしてください。

- JAXA「『きぼう』を見よう」のウエブサイト
  http://kibo.tksc.jaxa.jp/

▼ 国際宇宙ステーションの光跡

撮影：武井咲予(星空公団)

▼ 地上の小型望遠鏡（口径20cmシュミットカセグレン）で撮影した国際宇宙ステーション

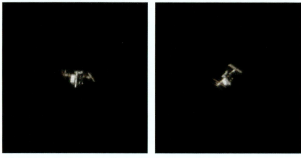

夜空をどんどん移動するために、拡大して撮影することは至難の業。
撮影：松下優(鹿児島県天体写真協会)

● ロケット

　日本のロケット打ち上げ基地は、鹿児島県の内之浦と種子島の2ヶ所にあり、JAXAが所有しています。

　内之浦宇宙空間観測所は、固形燃料を中心とした小型ロケットの打ち上げが主体で、種子島宇宙センターからは液体燃料を使用する大型ロケットが打ち上げられます。

　日本の運用する最大のロケット、H2A、H2Bは種子島宇宙センターから打ち上げられ、地元鹿児島はもちろん、西日本の広域でその飛行を観察することができます。

　なかでも、夜間に打ち上げられると暗闇に映えて素晴らしい光景を観察することができます。近年では、その打ち上げの瞬間を見るための観光ツアーも開催されるようになっています。

▼ 桜島とH2Bロケット

夜間のロケット打ち上げは特に美しい光景となる(2015年8月19日 20時39分〜21時03分)。
撮影：富窪満二(鹿児島県鹿児島市)

Chapter

6

望遠鏡・双眼鏡の基礎知識と選び方

　望遠鏡、双眼鏡を使うと、星空観察の楽しみは一層幅広いものとなります。市場には百花繚乱のごとく数多くの望遠鏡や双眼鏡があり、いったいどれを選んでどう使ったらいいのか困るほどです。写真撮影に有効な望遠鏡も多数開発されていますが、本章では眼視による観察を中心とした、望遠鏡・双眼鏡の基本的な知識と選び方について解説します。

01 望遠鏡の発明

ハンス・リッペレイ

　望遠鏡は1608年にオランダで眼鏡屋を営んでいたハンス・リッペレイ（Hans Lipperhey 1570－1619）によって発明されたとされています。日本ではちょうど江戸時代の初めの頃です。

　リッペレイは奇抜なことを好む人物で、望遠鏡の発明もレンズの組み合わせを試しているうちに偶然にできたものでした。そもそも、この現象はリッペレイ以前から知られていたもので、彼の独創ではありません。リッペレイは国会議員を通じて1608年に望遠鏡の特許を申請し、知名度を上げるきっかけとなりました。しかし、すでに類似の機器が多数出回っていたために、特許は認められなかったそうです。

　望遠鏡の発明者としては、リッペレイの他にも、J.アドリアンソン・メチウス、サガリヤス・ヤンセンらの説もあり、彼らもリッペレイと同じくオランダ人です。

ガリレオ・ガリレイ

　イタリアのガリレオ・ガリレイ（Galileo Galilei 1564-1642）は、リッペレイの望遠鏡の噂を聞き、知人を通じてその噂が事実であることを確かめました。好奇心に駆られたガリレイは、屈折理論に基づいて望遠鏡の製作に没頭し、自らレンズを磨いて、1609年に3倍の望遠鏡の製作に成功します。続いて、8倍望遠鏡、30倍望遠鏡と製作したことを記しています。ガリレイは生涯に60本以上もの望遠鏡を製作しました。

▼ガリレオ・ガリレイの肖像

1636年 Justus Sustermans画

　ガリレイは、自作した望遠鏡を使って天体の観測に使い、月のクレーター、木星の衛星をはじめ多数の歴史的な発見をしました。このため、天体望遠鏡の発明は1609年とされています。

　2009年はガリレイが初めて望遠鏡を夜空に向け、宇宙への扉を開いた1609年から、400年の節目の年。国際連合、ユネスコ（国連教育科学文化機関）、国際天文学連合は、この2009年を「世界天文年（International Year of Astronomy：略称IYA）」と定めました。

ガリレオ式望遠鏡

　2009年には、世界天文年を記念してガリレイの望遠鏡が復元されました。写真はその時に30本限定で市販された有効口径26mm、14倍望遠鏡です。外形だけでなく、実際に当時のスペックと同等のレンズが入ったものです。

ガリレイの望遠鏡は、対物レンズが凸レンズで、接眼レンズは凹レンズの構成です。これは、リッペレイの望遠鏡と同じですが、ガリレイの功績に敬意を表してか、ガリレオ式望遠鏡と呼ばれます。もっとも、ドイツでは「オランダ式望遠鏡」として認知されており、歴史的には後者の方がより正しい呼び名です。

▼ ガリレイの望遠鏡の復元品

ガリレオ式望遠鏡は画期的な発明でしたが、視野が非常に狭い欠点があります。実際に復元された望遠鏡を使用してみると、まるで井戸の底を覗くような感覚です。視野が月の視直径の3分の1程度しかなく、月に向けるのもひと苦労です。苦労して木星にむけるとガリレオ衛星がなんとか認識できる程度ですから、このような望遠鏡でこれだけの観測成果や発見を成し遂げたことに改めて驚嘆します。きっと好奇心の塊のような人物だったのでしょう。

ヨハネス・ケプラー

ガリレイと同時代の天文学者ヨハネス・ケプラー（Johannes Kepler 1571-1630 独）は、ガリレオ式とは異なる構成の望遠鏡を考案します。対物レンズ、接眼レンズとも凸レンズを使用するもので、今日ケプラー式望遠鏡と呼ばれています。ケプラーは、この形式の望遠鏡を考案しただけで製作はしていません。ケプラーの設計に基づいてこの望遠鏡を初めて製作したのは、ドイツの天文学者クリストフ・シャイナー（Christoph Scheiner 1575-1650）でした。ケプラー式望遠鏡は、視野が広く観測しやすい大きな利点があり、現在でも屈折式望遠鏡の主流となっています。唯一といってよい欠点は視野が倒立することですが、地上用と異なり天体観測ではそれほどデメリットにはなりません。

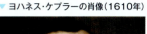
▼ ヨハネス・ケプラーの肖像（1610年）

アイザック・ニュートン

当時のレンズは現代のものと比べるとガラスの透明性が不足していました。また、色による屈折率の違いで像ににじみ（色収差）が出る決定的な弱点[*1]があり、このために高倍率をかけることに限界が生じていました。万有引力の法則で著名な英国の科学者アイザック・ニュートン（Issac Newton 1642-1727）は、1668年対物レンズの代わりに凹面鏡を使った反射式望遠鏡を考案し製作します。凹面鏡はレンズによる屈折ではなく鏡による反射を利用しているため、原理的に色収差が生じません。ニュートンの発明した望遠鏡は、ニュートン式望遠鏡とい

[*1] レンズの色収差：単レンズでは、色の違いによる焦点の違いから像がにじむ。これを色収差という。19世紀末には、2枚以上の材質の違うレンズを組み合わせたアクロマートレンズ（色消しレンズ）が開発された。現代ではさらに性能の高い、アポクロマートレンズ、EDレンズ等が開発されている。

い、現代でも広く活用されています。ニュートンは反射式望遠鏡の発明により、王立協会の会員として迎えられています。

　ニュートンが最初に製作したニュートン式望遠鏡のスペックは、口径33.9mm、焦点距離161mm、倍率38倍という反射式望遠鏡としてはとても小さなものでした。色収差の問題を解決したニュートン式の望遠鏡は、その後どんどん大型のものが製作されました。現代では、屈折式望遠鏡の色収差の問題は解決されていますが、製作のしやすさから大型望遠鏡のほとんどは、ニュートン式をはじめとする反射式の望遠鏡[*2]です。

▼アイザック・ニュートンの肖像画

1702年Godfrey Kneller画

▼ニュートンが製作した反射式望遠鏡

Sir Isaac Newton's little Reflector.

　この項に登場する、ガリレイ、ケプラー、ニュートンは、望遠鏡の型式名として紹介しました。彼らの名を冠した望遠鏡の発明も素晴らしい業績ではありますが、広く知られているよう、彼らは天文学、物理学の科学者としての功績が著しい科学史の巨人たちです。

長い望遠鏡ほど高性能？

望遠鏡の黎明期から200年ほどの長い間、望遠鏡の性能の指標は焦点距離の長さとされていました。焦点距離の長い望遠鏡は、鏡筒そのものも長くなり「長い望遠鏡ほど高性能」というわけです。このため、古い文献の多くに望遠鏡のスペックに「長さ」を誇っている記述があります。おそらく、焦点距離が長いほど、比例して倍率が高くなることが大きな理由でしょう。また技術的にも一理あることには、口径に比べて焦点距離が長いレンズ（または反射鏡）は収差が抑えられることもあるでしょう。ポーランドのヘベリウス（Johannes Hevelius 1611-1687）は、1673年、ついに全長150フィート（45.72m）もの「三軒の家の屋根にまたがる」大望遠鏡を製作しました。もっとも、わずかの風でも揺れて使いにくかったようです。その後19世紀初頭頃から、焦点距離よりも口径の方が重要なスペックであることが認識されるようになりました。なお、レンズの製作技術の発達した現在では、短焦点で高性能の望遠鏡を製作可能です。

▼ヘベリウスの150フィート空気望遠鏡

(Houghton Library、Harvard Univ.)
鏡筒の途中を省略した形式で空気望遠鏡と呼ばれる。ケプラー式。ヘベリウスのこの望遠鏡は歴史上最長もの。

[*2] 反射式望遠鏡：対物レンズの替わりに凹面鏡を使用した望遠鏡の総称。ニュートン式の他に、カセグレン式が普及している。カセグレン式は、主鏡に放物面をもつ凹面鏡と副鏡に双極面の凸面を持つ構成。

02 望遠鏡の構造と性能

望遠鏡の構造

図は最も基本的な屈折望遠鏡(ケプラー式)の構造です。

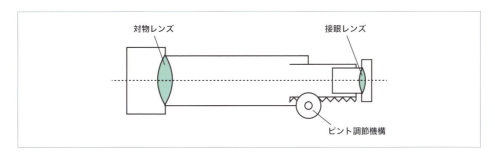

基本的には対物レンズと接眼レンズ(アイピース)、2枚のレンズの組み合わせで構成されています。現代の屈折式望遠鏡のほとんどは、ケプラー式望遠鏡で、小型〜中型の望遠鏡の主流です。

望遠鏡のしくみ

対物レンズは遠くの景色(例えば遠くの木など)実像をつくる役目をします。実像を肉眼で見るためには実像の位置にスリガラスを置くと見ることができます。望遠鏡の第1歩は光を集める(=実像をつくる)ことです。

接眼レンズ(アイピース)は、できた実像を拡大して見せる役割をします。

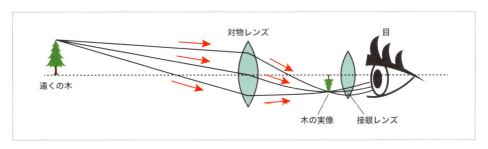

倍率の計算

対物レンズの焦点距離をｆ１、接眼レンズの焦点距離をｆ２とすると、

> 倍率＝ｆ１÷ｆ２

となります。
　例えば対物レンズの焦点距離が1000ｍｍで、接眼レンズの焦点距離が20mmのときは、

> 倍率＝ｆ１÷ｆ２＝1000÷20＝50倍

となります。
　接眼レンズをいろいろな焦点距離のものに変更することにより、倍率を変えることができます。

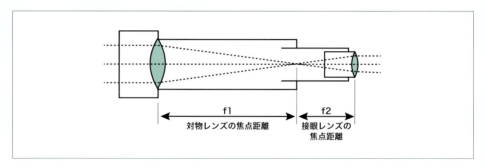

●口径と有効倍率

　望遠鏡は対物レンズの直径（「口径」といいます）が大きいほど鮮明な実像ができます。このため口径の小さな望遠鏡でむやみに倍率を上げてもボケた像が大きく見えるだけになります。
　口径をDmmとすると、有効な最高倍率の目安はD×2倍とされています。例えば対物レンズが8cm（＝80mm）の有効な最高倍率は80×2＝160倍までとなります。**望遠鏡の性能は倍率ではなく、口径で評価**しましょう。
　シーイング（気流）の状態によっても、有効な最大倍率は異なってきます。シーイングが悪いと、高倍率では視野の星像が暴れて見えづらくなってしまいます。また、観察する対象でも観察しやすい倍率は異なってきます。高倍率をかけて観察したい対象は、主に惑星や二重星です。星雲星団などの広がりがあるものや淡い天体は、低倍率の方が有効となります。

集光力と分解能

望遠鏡のスペックに「集光力」や「分解能」といった数字が挙げられています。いずれも、望遠鏡の口径から換算して一律に決まるスペックです。

●集光力

人間の瞳で集められる光量の何倍の集光が得られるかを示す数値です。人間の瞳孔は周囲の明るさで変化しますが、暗所で最大となり直径7mmです。集光力は面積の比ですから、以下の式で集光力が計算されます。

$$集光力 = ((望遠鏡の口径(mm)) \div 7)^2$$

●分解能

望遠鏡で2点と見分けられる等光度の重星の離角の限界を分解能といいます。望遠鏡の分解能で一般的に使用される数値に「ドーズの限界(Dewes' limit)」があり、以下の式で計算されます。

$$ドーズの限界(") = 115.8 \div (望遠鏡の口径(mm))$$

ドーズの限界は、ウイリアム・ドーズ(William Dawes 1799-1868英)が経験的に得たもので、望遠鏡の分解能として広く採用されています。式からわかるように、口径とドーズの限界は反比例の関係があります(P146参照)。

口径による集光力と分解能を以下に示します。

望遠鏡の口径(mm)	50	60	80	100	150	200	250	300	400	500
集光力	51	73	131	204	459	816	1276	1837	3265	5102
分解能 ドーズの限界(")	2.3	1.9	1.5	1.2	0.8	0.6	0.5	0.4	0.3	0.2

03 望遠鏡の選び方と種類

購入の目的は？

　機材を選ぶときに、まず望遠鏡を使用する目的をクリアにしましょう。望遠鏡に限らず、機器は万能のものはありません。目的にあった機器を選ぶ必要がありますので、自分が何をしたいのか、何を目的としているかをまず整理しましょう。

星の観察？
- ☑ 口径が欲しい
- ☑ しっかり固定
- ☑ アイピースも大事

野鳥の観察？
- ☑ 正立する像
- ☑ 持ち運びが楽
- ☑ 方向変更を機敏に

写真も撮りたい？
- ☑ カメラとの接続
- ☑ 赤道儀の架台
- ☑ コストがかかる

子どもの教育用？
- ☑ 使いやすさ
- ☑ 多用途に使える？
- ☑ 安くしたい

望遠鏡の口径の違いで選ぶ

　望遠鏡の口径が大きいほど、暗い星を見ることができます。一方で、口径が大きくなるほど望遠鏡は大きくなり、価格も高くなります。下の表は、望遠鏡の口径と星の見え方の目安です。

望遠鏡の口径	望遠鏡の種類	見やすい天体	備考
5～8cm	屈折式 （反射式はほとんどない）	・月／月の海、大きなクレーター ・惑星／金星の満ち欠け、土星の環、木星の衛星 ・大型の星雲星団	倍率100倍くらいまで
9～14cm	屈折式（高価） 反射式	・月／小さなクレーター ・惑星／木星の縞模様、火星の模様、土星の環のカッシニの空隙 ・星雲星団／メシエ天体はほぼすべて	倍率200倍くらいまで。多くの星雲星団は低倍率で観察しやすい
15cm以上	反射式 （屈折式は非常に高価）	・惑星／木星の細い縞模様、土星の環の構造 ・星雲星団／暗い天体も観察の対象に	倍率300倍くらいまで。低倍率にできにくくなる

天体望遠鏡の種類別の特徴

　市販されている天体望遠鏡は、「屈折式(ケプラー式)」「反射式(ニュートン式)」「反射式(シュミットカセグレン式)」が主流です。これらの3形式の特徴を一覧にします。

	屈折式望遠鏡 (ケプラー式)	反射式望遠鏡 (ニュートン式)	反射式望遠鏡 (シュミットカセグレン式)
外観			
光の進み方			
光学系	対物レンズ、接眼レンズとも凸レンズで、ほとんどの屈折望遠鏡の形式。	凹面の主鏡と、平面の副鏡による構成。	凹面の主鏡(球面)と、凸面の副鏡。 さらに開口部に球面収差*3を抑えるための補正板がある。
特徴	凸レンズで光を集める方式。 利点 ・星像が鋭く、ゆらぎが少ない ・調整がやりやすい ・ピントの調整範囲が長い 欠点 ・大型の口径は非常に高価 ・構造上、筒が長くなる ・大口径になると重い	凹面鏡(放物面)で光を集め、平面鏡で横に光を折り返す。焦点距離は比較的短くなり、低倍率向き(=天体写真向き)。 利点 ・大型の口径でも比較的安価 ・シュミカセより調整がやりやすい 欠点 ・筒内の気流で星像が安定しにくい ・屈折式より調整が難しい ・ピント範囲が短い ・構造上、筒が長くなる ・鏡のメッキは経年劣化する	補正板→凹面鏡(球面鏡)→凸面鏡→アイピースの光路。通称「シュミカセ」。他にも多数のバリエーションがある。焦点距離は比較的長くなり、高倍率向き。 利点 ・大型の口径でも比較的安価 ・望遠鏡の長さを短くできる 欠点 ・調整が難しい ・構造上、焦点距離が長くなる ・鏡のメッキは経年劣化する
コスト	反射式よりも高価。 小型の望遠鏡で多く採用される。	屈折式よりも安価。	凹面鏡が製造しやすい球面鏡のため、口径のわりに安価。大口径の機種が多い。

望遠鏡の写真は左から「ミニポルタA70Lf」(ビクセン社)、「NEWスカイエクスプローラーSE200N CR」(ケンコー・トキナー社)、「LX90-ACF」(ミード社)

*3 球面収差：凹面の反射鏡で平行光線を厳密に1点に集めるためには、鏡の面を放物面という曲面に製作する必要がある。しかし、放物面は精度よく製作することが難しくコストもかかるために、量産される望遠鏡の中には、球面の一部を使った球面鏡を採用することがある。球面鏡を使った反射式では光が厳密な焦点を結ばない。この収差を球面収差と呼ぶ。
　純粋なカセグレン式では、主鏡に放物面を採用している。シュミットカセグレン式は、主鏡に球面鏡を採用し、開口部には球面収差を補正する補正板(補正レンズ)を付加している。シュミットカセグレン式は主鏡が安価に製作できる球面鏡であるために、量産化にも向いている。一度設計すると補正板も量産化は容易。

天体望遠鏡の架台別の特徴

　天体望遠鏡は、手持ちではなく必ず架台に取り付けて観察します。架台は単なる固定手段ではなく、必要とされる機能を持っています。ここでは、「経緯台」と「赤道儀」について紹介します。

　経緯台型は、扱いやすさと安価なことから、かつては入門用の望遠鏡を中心に採用されていましたが、近年では据え付けの安定性から大型の望遠鏡でも採用されるようになってきています。大型の経緯台型では、マイコンを内蔵した自動制御が基本となっています。

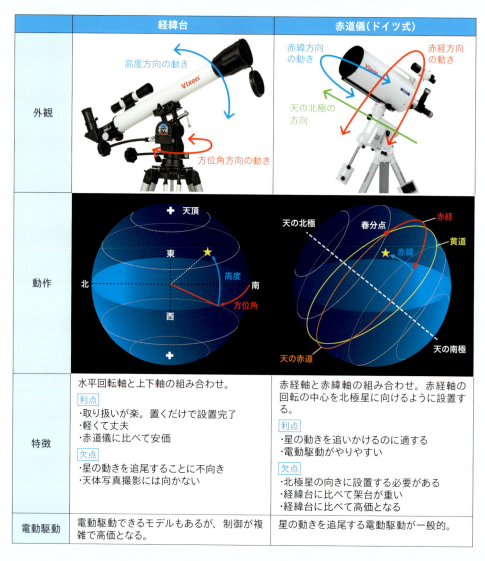

	経緯台	赤道儀（ドイツ式）
外観	高度方向の動き／方位角方向の動き	赤緯方向の動き／赤経方向の動き／天の北極の方向
動作	天頂／東／北／南／西／高度／方位角	天の北極／春分点／赤経／黄道／赤緯／天の赤道／天の南極
特徴	水平回転軸と上下軸の組み合わせ。 利点 ・取り扱いが楽。置くだけで設置完了 ・軽くて丈夫 ・赤道儀に比べて安価 欠点 ・星の動きを追尾することに不向き ・天体写真撮影には向かない	赤経軸と赤緯軸の組み合わせ。赤経軸の回転の中心を北極星に向けるように設置する。 利点 ・星の動きを追いかけるのに適する ・電動駆動がやりやすい 欠点 ・北極星の向きに設置する必要がある ・経緯台に比べて架台が重い ・経緯台に比べて高価となる
電動駆動	電動駆動できるモデルもあるが、制御が複雑で高価となる。	星の動きを追尾する電動駆動が一般的。

● ドブソニアン

　経緯台の特殊なバリエーションに「ドブソニアン型」と呼ばれる方式があります。これは、大口径（25cm～50cm。もっと大きなものもある）をニュートン式反射望遠鏡と組み合わせた、眼視観察にとことん特化した形式です。

　大口径の望遠鏡を移動して使用することができます。一方で、電動化や写真撮影には全く不適です。

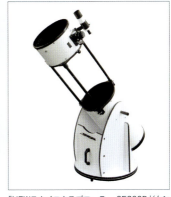

「NEWスカイエクスプローラー SE300D」（ケンコー・トキナー社）

04 双眼鏡の選び方

　双眼鏡は望遠鏡に比べて、倍率が低く観察できる対象も星野や大型の星雲星団に限られます。しかし、機動力が高く自由に操作できるため、天体の観察にもとても有効です。

　手持ちで天体観測に使用する場合、7倍程度を目安にしましょう。

　双眼鏡には、星空に向ける以外にもたくさんの用途があります。天体観測というと、双眼鏡より望遠鏡が望まれがちですが、入門用には双眼鏡という選択肢もお勧めできます。

使用目的で選ぶ

星の観察？	旅行用にも？	観劇用にも？
☑ 口径が欲しい ☑ しっかり固定	☑ 持ち運びが楽 ☑ コンパクト	☑ バッグに入る ☑ 軽くて手軽

▼ポロ型

▼ダハ型

▼オペラグラス型

▼双眼鏡の種類別の特徴

	ポロ型	ダハ型	オペラグラス型
外観			
特徴	【利点】 ・口径が大きく天体向き 【欠点】 ・大きく重い。旅行用としては不向き	【利点】 ・直線的でコンパクトな形状 ・携帯性に優れる 【欠点】 ・大口径の製品は少ない	【利点】 ・観劇用。とてもコンパクト ・視野が広い 【欠点】 ・倍率が低い。最大でも3倍程度
コスト	・ダハ型に比べて安価 ・多くの機種がある	ポロ型より高価	天体専用のものは比較的高価

双眼鏡の写真は左からアキュロンA211（ニコン社）、アトレックⅡHR 8×25WP（ビクセン社）、ビクセン社SG2.1×42（ビクセン社）

あとがき

　星空を観察し静止した星座たちを静かに見ていると、まるで時が止まっているような感覚になることがあります。それでも、数十分、数時間を経過すると星々がゆっくりと、西へ西へと動いていることに気づかされます。時折ハッとさせるような流れ星もあります。こんなとき宇宙の息吹を感じます。古代の人々も宇宙の息吹を感じ、天に畏敬の念を抱いたことでしょう。

　本書は、天体観測手帳の副読本として、天体観測手帳では深く触れることのできなかった内容を中心に記した解説書ですが、本書だけでも十分に天体の運動、観察、天文現象等について理解していただけるように執筆しました。流星に関する内容は内山茂男氏（日本流星研究会）による執筆です。筆者は公開天文台の職員として長く天体観測、天体観察の案内人を担当しています。ご来館者には幼児さんからお年寄りまで幅広い方々がお越しになります。その中で多くの方々が不思議に思うこと、知りたいと思うことを本書でも多く取り上げたつもりです。中心的な読者層は、天体観測に興味を持ち、実際に望遠鏡を扱い始めた方々を想定していますので、ベテランの観測者の方々には物足りないかもしれませんが、どうかご容赦いただきたく存じます。

　宇宙は人類が生まれるずっと前から現在に至るまで、美しい光景を作り出しています。見て感動する人がいようといまいと関係なく、宇宙は魅力的な世界を作り出しているのです。そんな懐の深さを思うと、宇宙の存在の大きさと自分自身の小ささを感じてしまいます。大きな宇宙の息吹を感じるために、本書が少しでも読者の皆さまのお役に立てることを願っております。

　最後に、本書のために貴重な資料を快くご提供くださいました皆さまと、私にこのような書籍の執筆の機会をご提供くださり編集上のたくさんの助言と支援をいただいた編集部の皆さまに、心より感謝申し上げます。

2016 年 12 月
早水勉

● 監修・編集・執筆

早水　勉（はやみず つとむ）

1962年 鹿児島県薩摩川内市に生まれる。
1984年 九州大学工学部卒業。電機系会社を経て、1998年薩摩川内市に開館した公開天文台「せんだい宇宙館」副館長。
2002年 新小惑星に(11324)Hayamizuが命名される。
2003年 日本天文学会天文功労賞受賞。
2008年より「せんだい宇宙館」館長として現在に至る。主に星食関連の著作論文等多数。

● 執筆

内山茂男（日本流星研究会）、**安藤和真**（薩摩川内市せんだい宇宙館）

● 資料提供・協力

相馬充（国立天文台）、上田聡（鹿児島県天体写真協会）、上野裕司（鹿児島県与論島）、北崎勝彦（東京都武蔵野市）、監物邦男（岡山県倉敷市）、小石川正弘（元仙台市天文台）、武井咲予（星空公団）、田名瀬良一（三重県伊賀市）、富窪満二（鹿児島県鹿児島市）、外山保広（千葉県市川市）、中村祐二（三重県亀山市）、東山正宜、松下優（鹿児島県天体写真協会）、吉見昭文（鹿児島県天体写真協会）、早水美輝

※本書では一部の星図の制作にステラナビゲータを使用しています。

● カバー写真　　さそり座と夏の銀河（撮影：早水勉）
● 帯写真（左から）　M42 オリオンの大星雲（撮影：早水勉）、百武彗星（撮影：早水勉）、皆既日食（撮影：北崎勝彦）、ヘールボップ彗星（撮影：早水勉）
● 装丁　　　　　小野貴司（やるやる屋本舗）
● 本文　　　　　BUCH⁺

星空の教科書
（ほしぞら きょうかしょ）

2017年1月15日　　初版　第1刷発行
2022年3月22日　　初版　第2刷発行

著　者　　早水　勉（はやみず つとむ）
発行者　　片岡　巌
発行所　　株式会社技術評論社
　　　　　東京都新宿区市谷左内町21-13
　　　　　電話　03-3513-6150　販売促進部
　　　　　　　　03-3267-2270　書籍編集部
印刷・製本　　株式会社加藤文明社

定価はカバーに表示してあります。

本書の一部または全部を著作権法の定める範囲を越え、無断で複写、複製、転載あるいはファイルに落とすことを禁じます。

©2017 早水 勉

造本には細心の注意を払っておりますが、万一、乱丁（ページの乱れ）や落丁（ページの抜け）がございましたら、小社販売促進部までお送りください。送料小社負担にてお取り替えいたします。

ISBN978-4-7741-8617-7　C3044
Printed in Japan

●本書へのご意見、ご感想は、技術評論社ホームページ（http://gihyo.jp/）または以下の宛先へ書面にてお受けしております。電話でのお問い合わせにはお答えいたしかねますので、あらかじめご了承ください。

〒162-0846
東京都新宿区市谷左内町21-13
株式会社技術評論社書籍編集部
『星空の教科書』係